高等职业教育系列教材

模拟电子技术项目化教程

主编　田延娟　张　洋
参编　高　霞　袁明波　徐明宇
吴荣海　张季伟

机械工业出版社

本书由简易直流稳压电源的制作、光控彩灯电路的制作、驱动电路的制作、热敏电阻温度计的制作、信号发生电路的制作共5个学习项目和1个综合实训——可调输出集成直流稳压电源的组装与调试组成。本书配套学习工作页，引导学生按任务要求和规范工艺要求装配相应的电路，完成调试，排查故障。通过对本书的学习，学生既能掌握电子电路的理论知识，又能具备较强的动手能力，真正做到理论联系实际。

本书适用于高职高专院校电气、电子、自动化、通信、计算机等专业的模拟电子技术课程的教学，符合目前高职教育项目导向、任务驱动的课程改革方向。此外，本书也可作为技术培训教材，还可供相关工程技术人员和业余爱好者参考。

本书配有微课视频，扫描二维码即可观看。另外，本书配有电子课件，需要的教师可登录机械工业出版社教育服务网（www.cmpedu.com）免费注册，审核通过后下载，或联系编辑索取（微信：15910938545，电话：010-88379739）。

图书在版编目（CIP）数据

模拟电子技术项目化教程/田延娟，张洋主编.—北京：机械工业出版社，2021.7（2024.1重印）

高等职业教育系列教材

ISBN 978-7-111-68251-6

Ⅰ.①模… Ⅱ.①田…②张… Ⅲ.①模拟电路-电子技术-高等职业教育-教材 Ⅳ.①TN710

中国版本图书馆CIP数据核字（2021）第092165号

机械工业出版社（北京市百万庄大街22号　邮政编码100037）

策划编辑：和庆娣　责任编辑：和庆娣　白文亭

责任校对：肖　琳　责任印制：刘　媛

涿州市般润文化传播有限公司印刷

2024年1月第1版第5次印刷

184mm×260mm · 11.25印张 · 262千字

标准书号：ISBN 978-7-111-68251-6

定价：49.00元

电话服务	网络服务
客服电话：010-88361066	机　工　官　网：www.cmpbook.com
010-88379833	机　工　官　博：weibo.com/cmp1952
010-68326294	金　　书　　网：www.golden-book.com
封底无防伪标均为盗版	机工教育服务网：www.cmpedu.com

前　言

党的二十大报告指出，实施产业基础再造工程和重大技术装备攻关工程，支持专精特新企业发展，推动制造业高端化、智能化、绿色化发展。推动战略性新兴产业融合集群发展，构建新一代信息技术、人工智能、生物技术、新能源、新材料、高端装备、绿色环保等一批新的增长引擎。模拟电子技术是高职高专电子信息类、通信类、自动化类等专业的重要基础课程之一。为落实职业教育国家教学标准，从企业实际需求出发，以综合职业能力培养为目标，以典型工作任务为载体，理论学习与实践学习相结合编写了本书。

本书参考学时为64学时，各学校可根据实际情况适当调整。

本书以学生为中心，以能力培养为本位，以职业能力为核心构建技能训练；技能训练以新颖的学习工作页形式发放，使用方便。本书由简易直流稳压电源的制作、光控彩灯电路的制作、驱动电路的制作、热敏电阻温度计的制作、信号发生电路的制作共5个学习项目和1个综合实训——可调输出集成直流稳压电源的组装与调试组成。本书配有学习工作页，包含各个任务的技能训练，能力培养贴合企业实际工作需求，工作页独立成册，使用便捷。本书配套学习工作页引导学生按照任务要求和规范工艺要求装配相应的电路，完成电路的调试，排查故障。通过对本书的学习，学生既能掌握模拟电路的理论知识，又能具备较强的动手能力，真正做到理论联系实际。

本书由学校专业教师与企业的技术人员联合编写。其中项目1、项目5由山东电子职业技术学院田延娟和张季伟编写；项目2和项目4由福建信息职业技术学院张洋和吴荣海编写；项目3由山东电子职业技术学院高霞和袁明波编写；济南宇正电子科技有限公司总经理徐明宇提供企业技术案例并编写部分学习工作页。全书由田延娟统稿。

本书为新形态一体化教材，配备丰富的二维码资源，包括视频、仿真实验等，帮助读者利用碎片化时间进行学习。同时，本书也是“低频电路分析与应用”在线开放课程的配套教材，读者可以通过学银在线加入在线开放课程的学习。

由于编者水平有限，书中难免存在不足之处，恳请读者批评指正，并提出宝贵意见。

编　者

二维码资源清单

序号	名　　称	页码	序号	名　　称	页码
1	1.1.1-1　本征半导体	3	26	2.5.2　共基极放大电路	56
2	1.1.1-2　杂质半导体	4	27	2.5.3　三种基本组态放大电路的比较	57
3	1.1.1-3　PN结	5	28	3.1.1-1　反馈的概念	62
4	1.1.2-1　二极管的结构及类型	6	29	3.1.1-2　反馈的分类	63
5	1.1.3　特殊二极管	8	30	3.1.1-3　正、负反馈的判别方法	63
6	1.1.4-1　二极管半波整流电路仿真	10	31	3.1.1-4　电压、电流反馈的判别方法	64
7	1.1.4-2　二极管限幅电路仿真	11	32	3.1.1-5　串联、并联反馈的判别方法	66
8	实操训练　二极管识别与检测	12	33	3.1.1-6　负反馈的四种组态	66
9	任务1.2　直流稳压电源的组成	14	34	3.1.2　负反馈对放大电路性能的影响	66
10	1.2.1　整流电路	15	35	3.1.3　引入负反馈的一般原则	69
11	1.2.1-2　全波整流电路仿真	15	36	3.2.1　功率放大器概述	73
12	1.2.2　滤波电路	17	37	3.2.1-2　功率放大电路的工作状态	74
13	1.2.2-1　电容滤波电路仿真	17	38	任务3.3　集成功率放大器	83
14	1.2.3　稳压电路	18	39	4.1.3-1　反相比例运算电路	97
15	任务2.1　晶体管认识	25	40	4.1.3-2　同相比例运算电路	98
16	2.1.2　晶体管的电流放大特性	26	41	4.1.3-4　加法运算电路	99
17	2.1.3　晶体管的特性曲线	27	42	4.3.3　集成运放的应用注意事项	113
18	实操训练　晶体管识别与检测	30	43	5.1.1-1　正弦波振荡电路的起振条件	118
19	2.2.3　电路静态分析	36	44	5.1.2　*RC*正弦波振荡电路	119
20	2.3.1　共射分压偏置放大电路绘图方法	43	45	5.1.3　*LC*正弦波振荡电路	123
21	2.3.2-1　静态工作点调试	43	46	5.1.4　石英晶体振荡器	127
22	实操训练　电压放大倍数测量和失真波形观察	45	47	任务5.2　非正弦波振荡电路的制作	130
23	实操训练　输入和输出电阻测量和计算	45	48	任务训练5.1　*RC*正弦波振荡电路仿真	工作页28
24	2.5.1-1　共集电极放大电路静态分析	54	49	任务训练5.2　方波-三角波产生电路仿真	工作页30
25	2.5.1-2　共集电极放大电路动态分析	55	50	综合实训6　可调输出集成直流稳压电源仿真	工作页32

目　　录

电子技术是研究电子元器件、电子电路及其应用的科学，因此，学习电子技术，必须了解电子元器件。电子元器件的类型很多，目前使用得最广泛的是半导体器件。

自从 1946 年第一个二极管、1947 年第一个晶体管、1960 年第一块集成电路诞生以来，半导体技术发展极为迅速。由于二极管、晶体管、集成电路等半导体器件具有体积小、重量轻、耗电少、寿命长、工作可靠等一系列优点，所以在现代化建设的各个领域都获得了广泛的应用。常用半导体器件有二极管、晶体管、场效应晶体管等。

项目1　简易直流稳压电源的制作

❖项目描述

在工业或民用电子产品中，其控制电路通常采用直流电源供电。对于直流电源的获取，可以将电网380V/220V交流电通过电路转换的方式得到直流电。本项目从简易直流稳压电源的制作入手，分析直流稳压电源的组成及各部分电路的工作原理，为后续各项目所需直流电源的设计打下基础。

❖职业岗位目标

知识目标

- 掌握二极管的外形和电路符号。
- 掌握二极管的相关特性参数。
- 掌握整流、滤波电路和稳压电路的工作原理。

能力目标

- 能够进行简单电路的原理分析。
- 能够完成简单直流稳压电源的制作。
- 能够熟练使用万用表、示波器等常用仪器仪表。

素质目标

- 严谨认真、规范操作。
- 合作学习、团结协作。

任务1.1　二极管的识别和测量

❖ 知识链接

1.1.1　半导体基础知识

在我们的日常生活中，经常看到或用到各种各样的物体，它们的性质各不相同。有些物体如钢、银、铝、铁等，具有良好的导电性能，我们称它们为导体。相反，有些物体如玻璃、橡皮和塑料等不易导电，我们称它们为绝缘体。还有一些物体，如锗、硅、砷化镓及大多数的金属氧化物和金属硫化物，它们既不像导体那样容易导电，也不像绝缘体那样不易导电，而是介于导体和绝缘体之间，我们把它们叫作半导体。绝大多数半导体都是晶体，它们内部的原子都按照一定的规律排列着。因此，人们往往又把半导体材料称为晶体，这也就是晶体管名称的由来（意思是用晶体材料做的管子）。

半导体的导电机理不同于其他物质，所以它具有不同于其他物质的特点。半导体的导电能力随着外界条件（温度变化、光照）的不同而有明显的差别。利用半导体的热敏特性和光敏特性可制成热敏电阻和光敏电阻、光电二极管等元器件，用于实现自动测量及自动控制等。此外如果在纯净的半导体中掺入微量的杂质，它的导电能力就可几十万甚至几百万倍地增加，正是由于这些独特的性质，使半导体得到了广泛的应用。

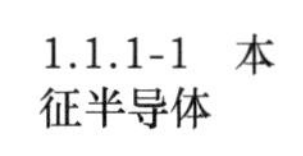

1. 本征半导体

由单一的硅或锗原子的价电子构成的晶体称为本征半导体。硅和锗是四价元素，在原子最外层轨道上的四个电子称为价电子。它们分别与周围的四个原子的价电子形成共价键，如图1-1所示。共价键中的价电子为这些原子所共有并为它们所束缚，在空间形成排列有序的晶体（单晶体）。

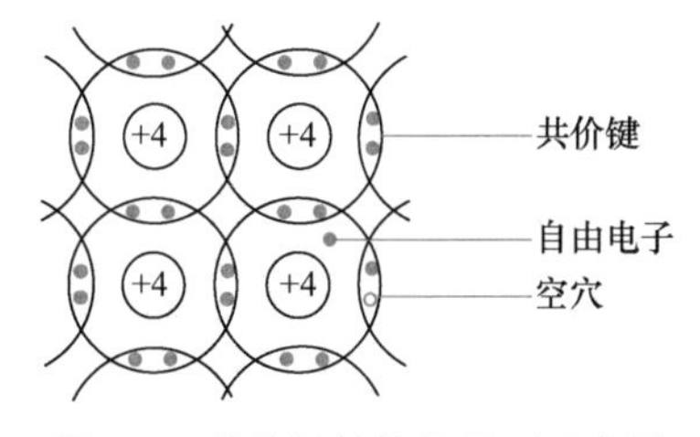

图1-1　共价键结构的平面示意图

当半导体两端加上外电压时，半导体中将会出现电荷的两种运动方式：一种是带负电的自由电子在电场作用下，做定向运动，形成电子电流；另一种是在电场作用下，有空穴的原子吸引相邻原子中的价电子填补这个空穴，同时，失去一个价电子的相邻原子的共价键结构被破坏，出现了另一个空穴，它也可以由相邻原子中的价电子来递补，如此类推，形成了空穴的递补。这种被原子核束缚的价电子递补空穴形成了空穴运动，称为空穴电流。

运载电荷的带电粒子称为载流子，在半导体中由于存在着电子电流和空穴电流两种导电方式，所以自由电子和空穴都是载流子。在本征半导体中，自由电子与空穴都是成对出现的，在通常情况下，本征半导体中的载流子的数量是极其微弱的，其导电能力很差。

2. 杂质半导体

在本征半导体中掺入某些微量元素作为杂质，可使半导体的导电性发生显著变化。掺入的杂质主要是三价或五价元素。掺入杂质的本征半导体称为杂质半导体。根据掺入杂质元素的性质不同，杂质半导体可分为N型半导体和P型半导体两大类。

1.1.1-2 杂质半导体

(1) N型半导体

在本征半导体（如硅）中，用扩散等工艺掺入少量的五价元素（如磷），一个磷原子外层有五个价电子，四个价电子与硅原子的价电子形成共价键，多出的一个价电子不受共价键的束缚，它很可能被激发为自由电子，这样晶体中将产生大量多余的自由电子，自由电子的浓度大大增加，导电能力将随之大大提高。在掺有五价元素的半导体中，自由电子的数量很多，称为多数载流子；而空穴的数量很少，称为少数载流子，因而这种半导体材料中主要靠自由电子导电。以自由电子导电作为主要导电方式的半导体称为电子型半导体，简称为N型半导体，N型半导体晶体结构图和示意图如图1-2所示。

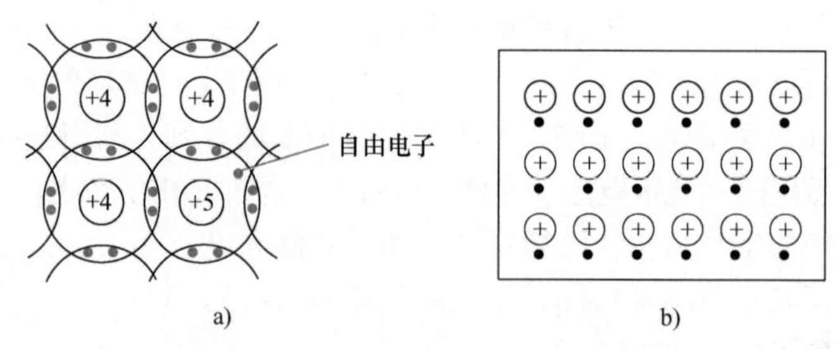

图1-2 N型半导体晶体结构图和示意图

a) N型半导体晶体结构图 b) N型半导体示意图

(2) P型半导体

在本征半导体（如硅）中，当掺入了少量的三价元素（如硼），由于硼原子外层只有三个价电子，在与硅原子的价电子组成共价键时，将出现一个空穴。这时晶体中空穴的浓度大大增加，导电能力提高，在这种半导体中，空穴的浓度很大，所以空穴是多数载流子，自由电子是少数载流子。因而这种掺有三价元素的半导体材料中，其导电方式主要是空穴导电，这种半导体称为空穴型半导体，简称为P型半导体，P型半导体晶体结构图和示意图如图1-3所示。

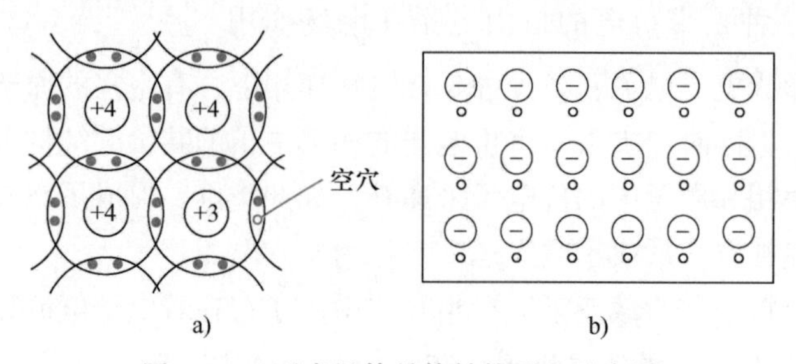

图1-3 P型半导体晶体结构图和示意图

a) P型半导体晶体结构图 b) P型半导体示意图

P 型半导体和 N 型半导体，虽然都有一种多数载流子和一种少数载流子，但整个晶体仍是中性的，不带电。它们是各种半导体器件的基本组成部分。

1.1.1-3 PN 结

3. PN 结

在一块晶片上，采取特定的掺杂工艺方法，在其两边分别形成 P 型半导体和 N 型半导体，它们的交界面就形成 PN 结。PN 结是构成各种半导体器件的基础。

（1）PN 结的形成

在 P 型半导体和 N 型半导体结合后，由于 N 型区内电子很多而空穴很少，而 P 型区内空穴很多电子很少，在它们的交界处就出现了电子和空穴的浓度差别。这样，电子和空穴都要从浓度高的地方向浓度低的地方扩散。于是，有一些电子要从 N 型区向 P 型区扩散，也有一些空穴要从 P 型区向 N 型区扩散。它们扩散的结果就使 P 区一边失去空穴，留下了带负电的杂质离子，N 区一边失去电子，留下了带正电的杂质离子。半导体中的离子不能随意移动，因此不参与导电。这些不能移动的带电粒子在 P 和 N 区交界面附近，形成了一个很薄的空间电荷区，就是所谓的 PN 结。空间电荷区有时又称为耗尽区。扩散越强，空间电荷区越宽。

在出现了空间电荷区以后，由于正负电荷之间的相互作用，在空间电荷区就形成了一个内电场，其方向是从带正电的 N 区指向带负电的 P 区。显然，这个电场的方向与载流子扩散运动的方向相反，它是阻止扩散的。

另一方面，这个电场将使 N 区的少数载流子空穴向 P 区漂移，使 P 区的少数载流子电子向 N 区漂移，漂移运动的方向正好与扩散运动的方向相反。从 N 区漂移到 P 区的空穴补充了原来交界面上 P 区所失去的空穴，从 P 区漂移到 N 区的电子补充了原来交界面上 N 区所失去的电子，这就使空间电荷减少，因此，漂移运动的结果是使空间电荷区变窄。当漂移运动和扩散运动的载流子数目相同时，PN 结便处于动态平衡状态，PN 结就形成了，如图 1-4 所示。

（2）PN 结的单向导电性

如果在 PN 结上加正向电压，即外电源的正端接 P 区，负端接 N 区，（即 PN 结正向偏置）如图 1-5a 所示。这时，外电场与内电场的方向相反，因此，扩散运动和漂移运动的平衡被破坏，削弱了内电场，使空间电荷区变窄，多数载流子的扩散运动增强，形成了较大的扩散电流（正向电流），在一定范围内，外电场越强，正向电流（由 P 区流向 N 电流）越大，这时 PN 结呈现的电阻很低。

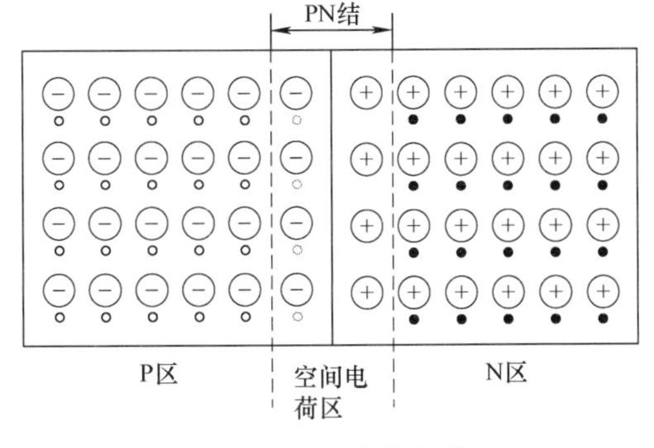

图 1-4 PN 结的形成

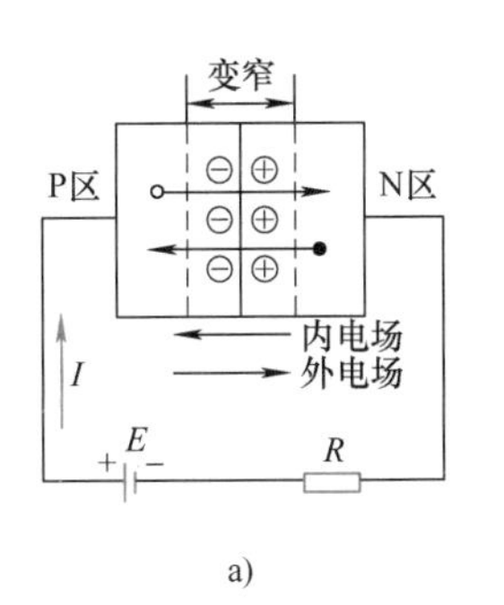

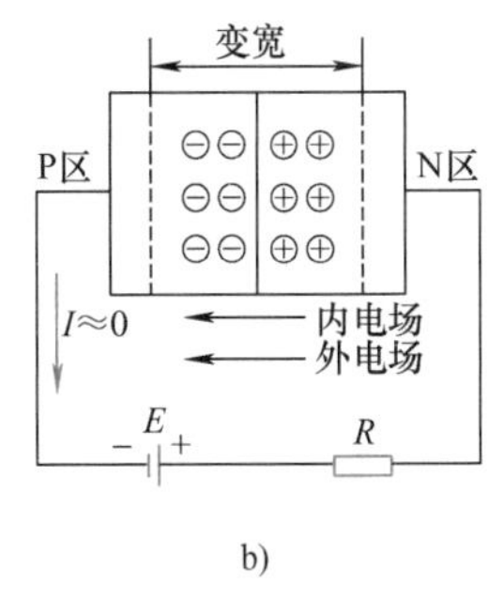

图 1-5 PN 结的单向导电性
a）PN 结正偏 b）PN 结反偏

若给 PN 结加上反向电压，即外电源的正端接 N 区，负端接 P 区（即 PN 结反向偏置），如图 1-5b 所示，外电场与内电场方向一致，也破坏了载流子扩散和漂移运动的平衡，外电场驱使空间电荷区两侧的空穴和自由电子移动，使得空间电荷增加，空间电荷区变宽，内电场增加，使多数载流子的扩散运动难以进行。但另一方面，内电场的增强也加剧了少数载流子的漂移运动，在外电场的作用下，P 区中的自由电子（少数载流子）越过 PN 结进入 N 区，在电路中形成了反向电流（由 N 区流向 P 区的电流）。由于少数载流子的数量很少，因此，反向电流不大，即 PN 结呈现的反向电阻很高。

由以上的分析可知，PN 结具有单向导电性。即在 PN 结上加正向电压时，PN 结电阻很低，正向电流较大，PN 结处于导通状态。在 PN 结上加反向电压时，PN 结电阻很高，反向电流很小，PN 结处于截止状态。

1.1.2　二极管的结构和类型识别

1.1.2-1　二极管的结构及类型

1. 二极管的结构及类型

PN 结是构成各种半导体器件的基础。把一个 PN 结的两端接上电极引线，外面用金属（或玻璃、塑料等）管壳封闭起来，便构成了二极管，由 P 区引出的电极称为正极（阳极），由 N 区引出的电极称为负极（阴极），其实物图和图形符号如图 1-6 所示。

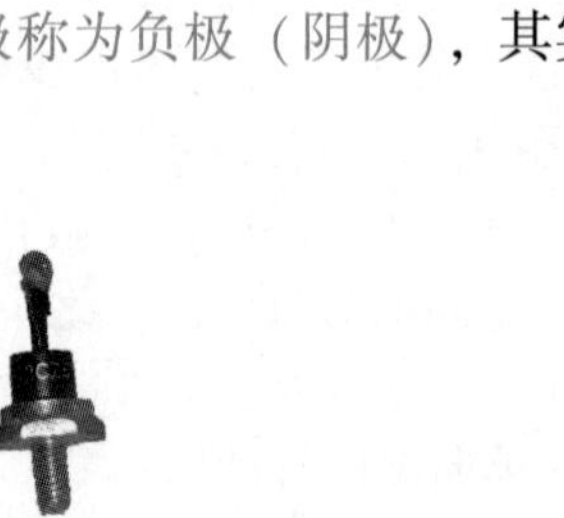

a)　b)

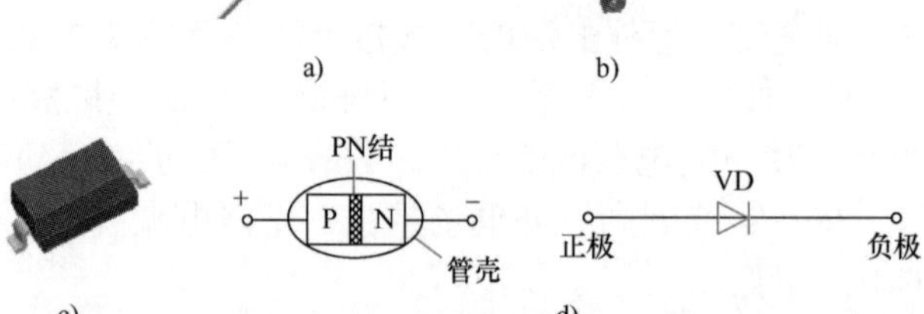

c)　d)

图 1-6　二极管的实物图和图形符号

a）二极管 1N4007　b）二极管 2CZ57H　c）贴片二极管　d）二极管的结构和图形符号

二极管按照制造材料可分为硅二极管（简称为硅管）、锗二极管（简称为锗管）；按用途可分为整流二极管、稳压二极管、开关二极管、检波二极管等。根据构造上的特点和加工工艺的不同，二极管又可分为点接触型二极管（见图 1-7a）、面接触型二极管（见图 1-7b）和平面型二极管（见图 1-7c）。

2. 二极管的单向导电性

（1）二极管的伏安特性

二极管伏安特性，即流过二极管的电流与二极管两端电压之间的关系，曲线如图 1-8

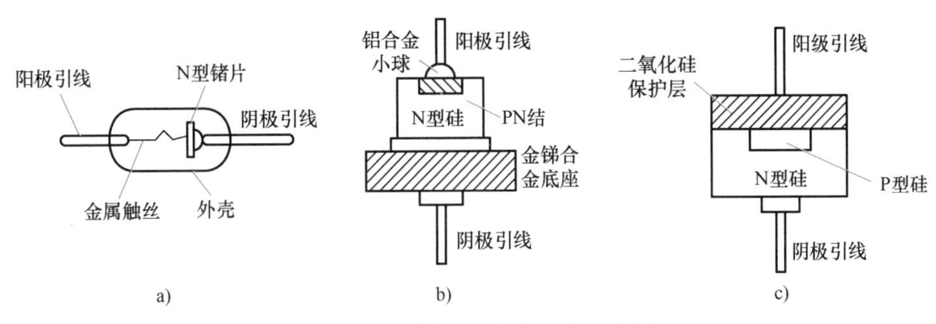

图 1-7　不同类型二极管结构示意图

a）点接触型　b）面接触型　c）平面型

所示。

由二极管伏安特性可知，当二极管两端所加正向电压较小时，二极管还不能导通，这一段称为死区（硅管死区电压小于0.5V，锗管死区电压小于0.1V）。超过死区电压后，二极管中电流开始增大，以后只要电压略有增加，电流将急剧增大，二极管导通（硅管的导通电压约为0.7V，锗管的导通电压约为0.3V）。

当二极管两端加反向电压时，二极管并不是理想的截止状态，它会有很小的反向电流，而且随着反向电压增大，反向电流也基本保持不变，称为反向饱和电流，记做I_S。一般硅管为几到几十微安，锗管为几十到几百微安。由于半导体的热敏特性，所以反向饱和电流将随温度升高而增大。通常温度每升高10℃其反向饱和电流约增大一倍。

当反向电压过高且大于反向击穿电压U_{RM}时，反向电流会突然剧增，这种现象称为反向击穿。此时有可能将二极管烧坏。

（2）二极管的温度特性

二极管是对温度非常敏感的器件。随温度升高，二极管的正向压降减小，正向伏安特性左移，即二极管的正向压降具有负的温度系数（约为－2mV/℃）；温度升高，反向饱和电流会增大，反向伏安特性下移，温度每升高10℃，反向电流大约增加一倍。温度对二极管伏安特性的影响如图1-9所示。

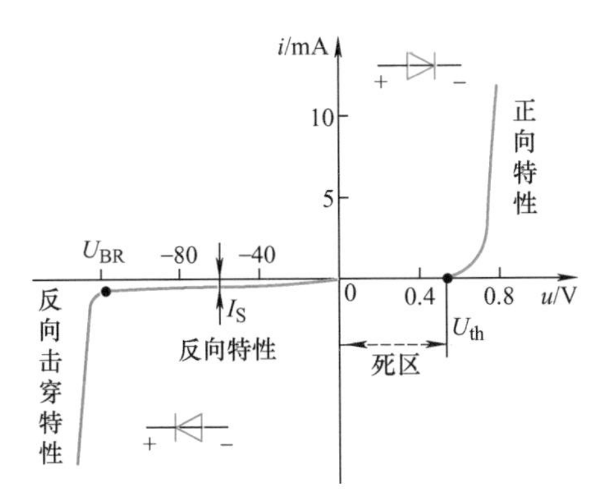

图 1-8　二极管的伏安特性曲线

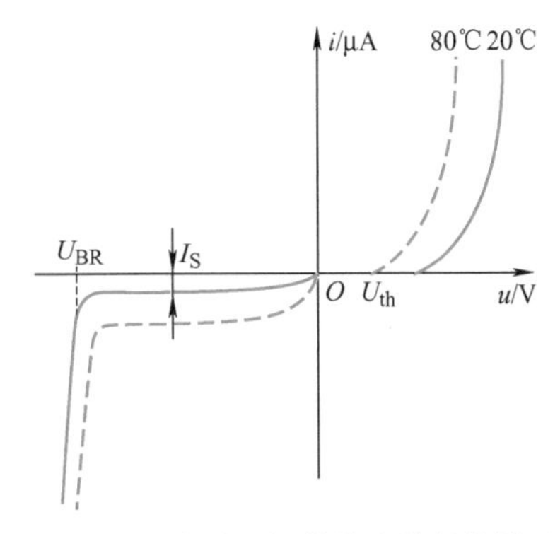

图 1-9　温度对二极管伏安特性的影响

(3) 二极管的主要参数

1) 最大整流电流 I_F。二极管允许长期通过的最大正向平均电流称为最大整流电流。若超过这一数值二极管将过热而烧坏。因此电流较大的二极管必须按规定加装散热片。

2) 最高反向工作电压 U_{RM}。保证二极管不被击穿而给出的最高反向电压称为最高反向工作电压。选用时应保证反向电压在任何时候都不要超过这一数值，并应留有一定余量，以免二极管被反向击穿。

此外还有反向电流、正向压降、工作频率等参数，选用二极管时也应注意。

(4) 选用二极管的原则

二极管在使用时应遵循以下几项基本原则。

- 要求导通电压低时，选择锗管；要求反向电流小时，选择硅管。
- 要求导通电流大时，选择平面型二极管；要求工作频率高时，可以选择点接触型二极管。
- 要求反向击穿电压高时，选择硅管。
- 要求耐高温时，选择硅管。

1.1.3 特殊二极管

1. 稳压二极管

稳压二极管简称稳压管，用于稳定直流电压。稳压管主要工作在反向击穿区域，在击穿区域中，稳压管两端的电压基本不变，而流过稳压管的电流变化很大，只要在外电路中采取适当的限流措施，保证稳压管不因过热而烧坏，就能达到稳压的效果。稳压管的外形与二极管相似，其实物图、图形符号及伏安特性曲线如图 1-10 所示。

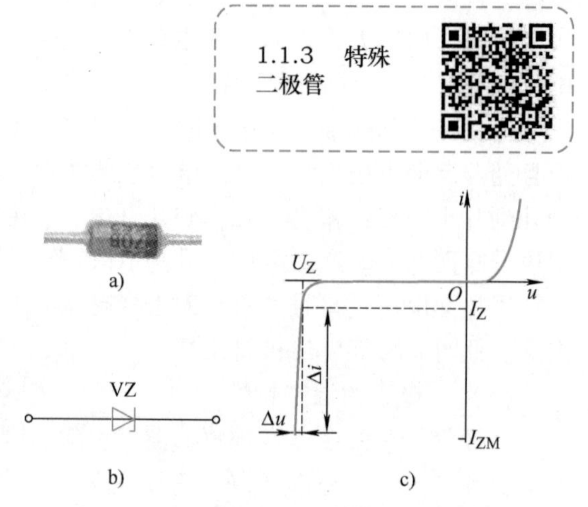

图 1-10 稳压二极管的实物图、图形符号及伏安特性曲线

a) 实物图 b) 图形符号 c) 伏安特性曲线

1) 稳定电压 U_Z：稳定电压指流过规定电流时稳压管两端的反向电压值，其值取决于稳压管的反向击穿电压值。由于制造工艺的原因，同一型号管子的稳定电压有一定的分散性。例如，2CW55 型稳压管的 U_Z 为 6.2 ~ 7.5V（测试电流为 10mA）。

2) 稳定电流 I_Z：稳定电流 I_Z 是指稳压管的工作电压等于稳定电压 U_Z 时通过管子的电流。它只是一个参考电流值，如果工作电流高于此值，但只要不超过最大工作电流，稳压管均可以正常工作，且电流越大，稳压效果越好；如果工作电流低于 I_Z，稳压效果将变差，当低于 I_{Zmin} 时，稳压管将失去稳压作用。

3) 最大耗散功率 P_{ZM} 和最大工作电流 I_{ZM}：最大耗散功率 P_{ZM} 和最大工作电流 I_{ZM} 是为了保证管子不被热击穿而规定的极限参数，其中 $P_{ZM} = I_Z U_Z$。

小提示

稳压管必须工作在反向偏置，它工作时的电流应在稳定电流和允许的最大工作电流之间。为了不使工作电流过大，电路中必须串接限流电阻。多个稳压管串联后的稳压值为各稳压管稳压值之和。

2. 发光二极管

发光二极管是用特殊的半导体材料，如砷化镓（GaAs）等制成的。砷化镓半导体辐射红光，磷化镓半导体辐射绿光或黄光。发光二极管正常工作时，工作电流为10～30mA，正向电压降为1.5～3V。发光二极管的实物图及图形符号如图1-11所示。

3. 变容二极管

变容二极管实物图及图形符号如图1-12所示，是利用反向偏压来改变PN结电容量的特殊半导体器件。变容二极管相当于一个容量可变的电容器，它的两个电极之间的PN结电容大小，随加到变容二极管两端反向电压大小的改变而变化。当加到变容二极管两端的反向电压增大时，变容二极管的容量将减小。由于变容二极管具有这一特性，所以它主要用于电调谐回路（如彩色电视机的高频头）中，作为一个可以通过电压控制的自动微调电容器。

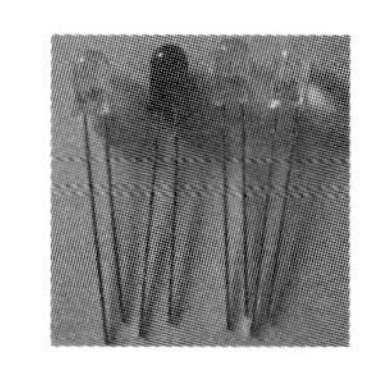
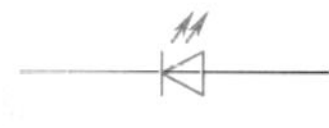

图1-11　发光二极管的实物图及图形符号

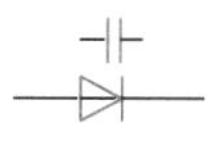

图1-12　变容二极管的实物图及图形符号

选用变容二极管时，应着重考虑其工作频率、最高反向工作电压、最大正向电流和零偏压结电容等参数是否符合应用电路的要求，应选用结电容变化大、高Q值、反向漏电流小的变容二极管。

1.1.4　二极管的应用电路与分析

二极管是电子电路中最常用的器件。利用其单向导电性及导通时正向电阻很小的特点可以组成多种应用电路。例如整流、钳位、限幅或对其他元器件进行保护等。

实际使用中，希望二极管具有理想特性：正向偏置时导通，电压降为零；反向偏置时截止，电流为零。具有这样特性的二极管称为理想二极管。在电路分析中，工作在大信号范围时也可采用理想模型。

1. 整流

所谓的整流，就是将交流电变成直流电。利用二极管的单向导电性组成整流电路，再经过滤波和稳压，就可以得到平稳的直流。

半波整流电路由电源变压器、二极管和用电负载组成，如图1-13a所示。输入电压u_i为正弦交流电，在正弦交流电的正半周期，二极管导通，电流能够通过，负载 R_L 上输出电压为正弦波。在负半周期，R_L 上无电压，这样在一个周期中只有半个周期有输出的电路称为半波整流电路。半波整流电路及波形图如图 1-13 所示。

1.1.4-1 二极管半波整流电路仿真

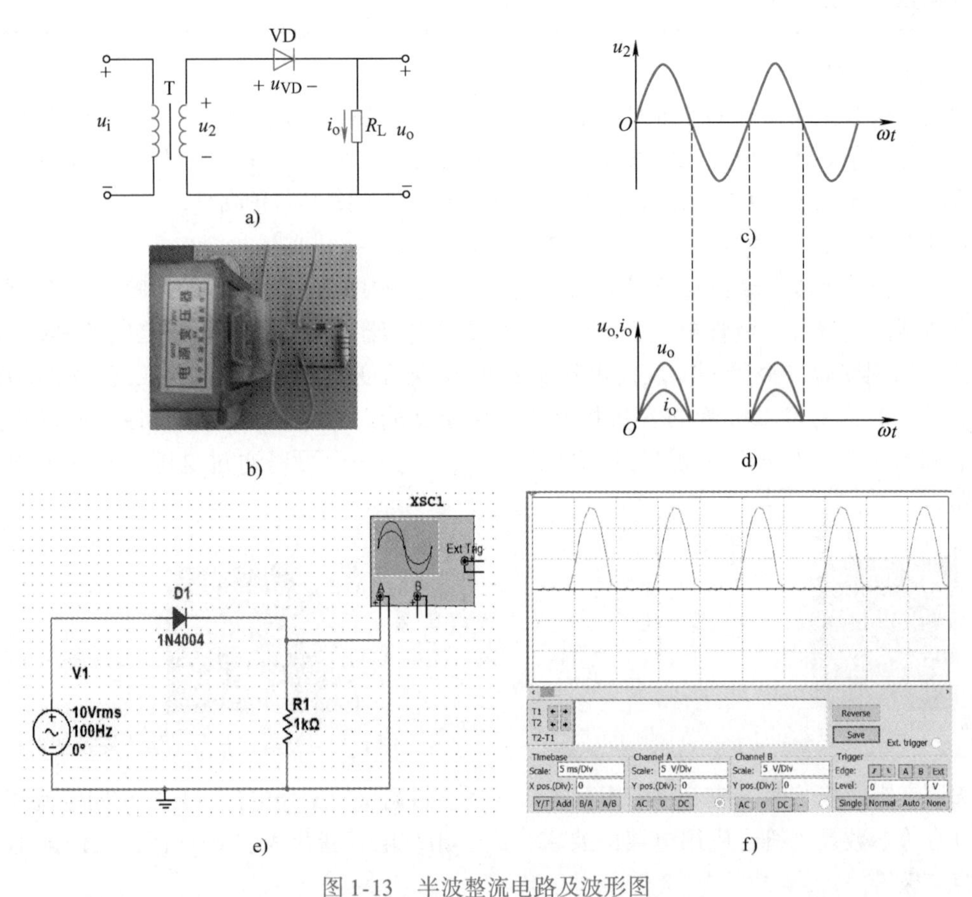

图 1-13 半波整流电路及波形图

a）电路原理图 b）实物图 c）u_2 波形图 d）i_o 波形图 e）仿真电路图 f）输出电压仿真波形

小知识

整流电路中用到的二极管叫作整流二极管，其正向工作电流较大，工艺上多采用面接触结构。又因这种结构的二极管结电容较大，因此整流二极管工作频率一般小于 3kHz。整流二极管在使用中主要考虑的问题是最大整流电流和最高反向工作电压应大于实际工作中的值。

2. 限幅

利用二极管导通后电压降很小且基本不变的特性，将输出电压幅度限制在某一电压值内。利用这个特点，可以组成各种限幅电路。

二极管单向限幅电路如图 1-14a 所示，运行 Multisim 软件制作仿真电路并进行仿真验证。

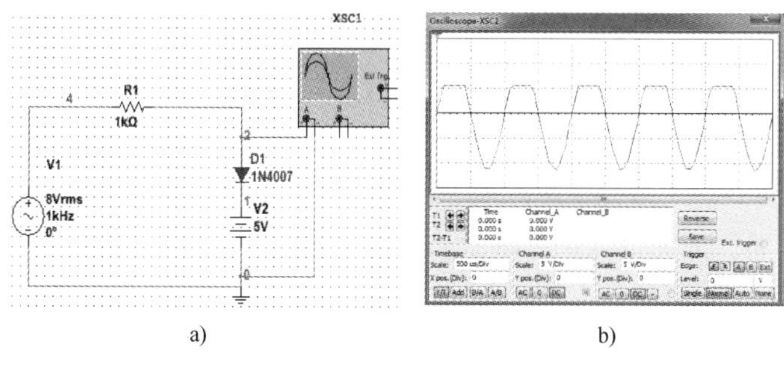

a)　　b)

图 1-14　二极管限幅电路和输出波形

a）单向限幅电路　b）输出电压波形

信号源给定幅值为 8V 的正弦波，当给二极管加正向电压时，二极管导通。输出电压限制为 5V；当给二极管加反向电压时，二极管截止，输出电压为输入信号电压。通过示波器观察得到输入与输出电压波形，如图 1-14b 所示。

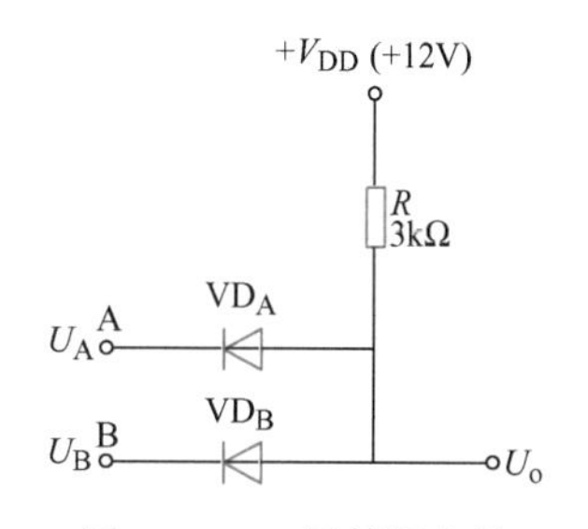

图 1-15　二极管门电路

3. 钳位电路

将电路中某点电位值钳制在选定数值的电路称为钳位电路。这种电路可组成二极管门电路，实现逻辑运算。

【例 1-1】　如图 1-15 所示二极管门电路，设二极管为理想二极管，当输入电压 U_A、U_B为低电压 0V 和高电压 5V 的不同组合时，求输出电压 U_o的值。

解： 图 1-15 所示电路的输入电压和输出电压的关系见表 1-1。

表 1-1　输入电压和输出电压的关系

输入电压		理想二极管		输出电压
U_A/V	U_B/V	VD_A	VD_B	U_o/V
0	0	正向导通	正向导通	0
0	5	正向导通	反向截止	0
5	0	反向截止	正向导通	0
5	5	正向导通	正向导通	5

综上分析：该电路实现逻辑“与”的功能。

❖ 实操训练

1. 明确任务

1）仪器和器材（查学习工作页）。

2）技能训练电路图（查学习工作页）。

3）内容和步骤（查学习工作页）。

实操训练　晶体管识别与检测

2. 二极管极性测试

（1）从外观标注判别极性

一般情况下二极管外壳上印有标志的一端为二极管的负极，另一端为正极。例如，二极管 1N4007，它的管体为黑色，在管体的一端印有一个白圈，此端即为负极，如图 1-6a 所示。

发光二极管的极性判别：引脚长的一端为正极，引脚短的一端为负极，如图 1-11 所示。

（2）用指针式万用表判别极性

用万用表的 $R\times100$ 档或 $R\times1\text{k}$ 档测量二极管的正、反向电阻，如图 1-16 所示。若两次阻值相差很大，则说明该二极管性能良好；并根据测量电阻小的那次表笔的接法（见图 1-16b），判断出与黑表笔连接的是二极管的正极，与红表笔连接的是二极管的负极。

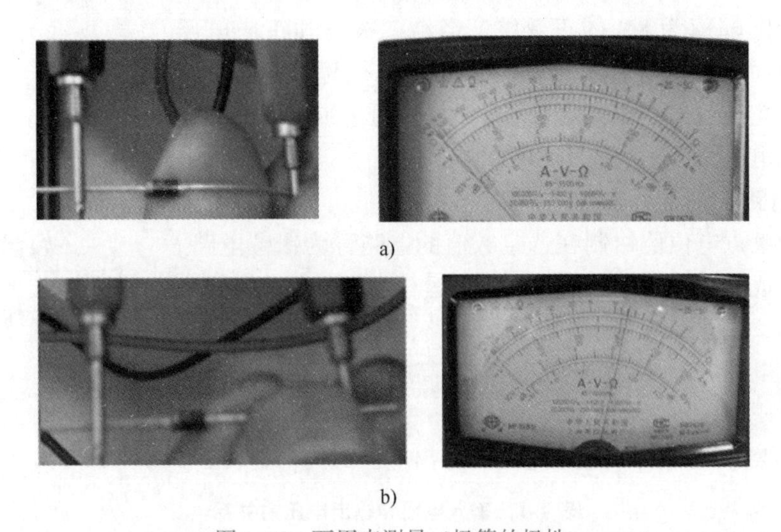

a)

b)

图 1-16　万用表测量二极管的极性

a）万用表反向测量二极管示意图及万用表显示情况　b）万用表正向测量二极管示意图及万用表显示情况

> **小提示**
>
> 指针式万用表的红表笔接表内电池的负极，黑表笔接表内电池的正极。
>
> 数字式万用表红表笔对应内部电池正极，这点与指针式万用表不同。

（3）用指针式万用表判别质量

用万用表测量二极管的正、反向电阻时，如果两次测量的阻值都很小，则说明二极管已经击穿；如果两次测量的阻值都无穷大，则说明二极管内部已经断路；若两次测量的阻值相差不大，则说明二极管性能欠佳。在这些情况下，二极管就不能使用了。

3. 电路调试

1）对照电路原理图连接电路。检查各元器件安装是否正确，检查元器件的连接极性及电路连线，然后接通电源进行调试。

2）接通电源，观察电路输出端电压的变化。

4. 职业素养培养

1）完成工作任务的过程中，所有操作都应符合安全操作规程；仪器、仪表使用规范、安全。

2）工具摆放整齐，符合职业岗位要求；使用规范，符合安全要求。

3）搭建电路的模块布局合理，不产生干扰，不存在安全隐患。

4）包装物品、导线线头等的处理符合职业岗位的要求，保持工位的整洁。

5）遵守纪律，尊重团队成员，爱惜实验室的设备和器材。

5. 评价

任务评价主要采用过程评价，以自评、互评和教师评价相结合的方式进行。

❖ 课后习题

1. 填空题

1）半导体中有________和____两种载流子参与导电。N 型半导体的多数载流子是________，P 型半导体，其多数载流子是____。

2）PN 结在__________时导通，__________时截止，这种特性称为________性。

3）当温度升高时，二极管的反向饱和电流将________，正向压降将______。

4）整流电路是利用二极管的________性，将交流电变为单向脉动的直流电。稳压二极管是利用二极管的________特性实现稳压的。

5）发光二极管是一种通以____电流就会____的二极管。光电二极管能将____信号转变为____信号，它工作时需加____偏置电压。

2. 判断题

1）在 N 型半导体中如果掺入足够量的三价元素，可将其改型为 P 型半导体。 (　　)

2）二极管只要加正向电压便能导通。 (　　)

3）二极管在工作电流大于最大整流电流时会损坏。 (　　)

4）只要稳压极管两端加反向电压就能起稳压作用。 (　　)

3. 常用的特殊二极管有几种？画出它们的图形符号并简述它们各自的工作状态。

4. 如图 1-17 所示，$E=5\text{V}$，试分析各电路中灯是否亮？二极管是导通还是截止，并求 U_{AB}。

5. 电路如图 1-18 所示，设二极管为理想的（导通电压为 0V），试判断在下列情况下，电路中二极管是导通还是截止，并求出 A、O 两端的电压 U_{AO}。1）$U_{DD1}=6\text{V}$，$U_{DD2}=12\text{V}$；2）$U_{DD1}=6\text{V}$，$U_{DD2}=-12\text{V}$。

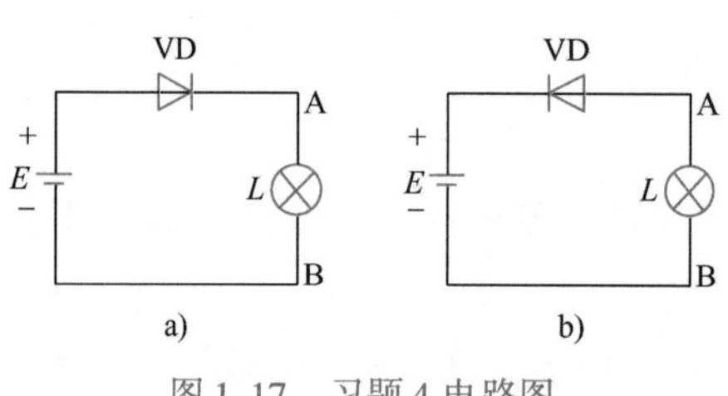

图 1-17　习题 4 电路图

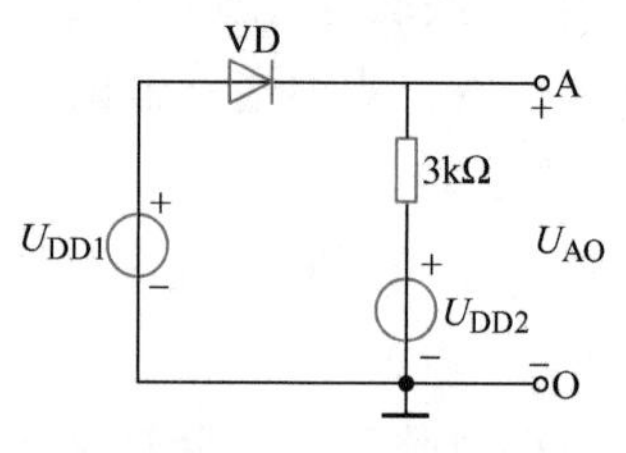

图 1-18　习题 5 电路图

6. 如图 1-19 所示，$E=5V$，$u_i=10\sin\omega t V$，二极管看成理想的，试画出输出电压 u_o 的波形。

7. 如图 1-20 所示电路，若稳压管 $U_Z=5V$，试求：（1）$U_S=8V$；（2）$U_S=2V$ 时所对应的 U_o 分别为多少伏？

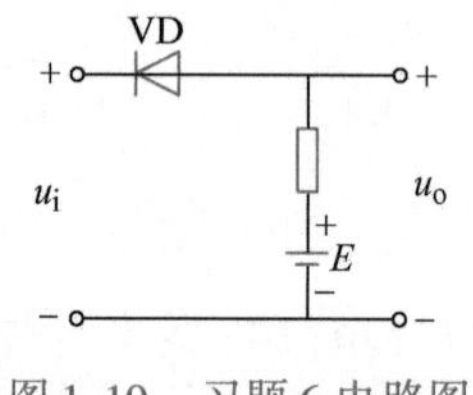

图 1-19　习题 6 电路图

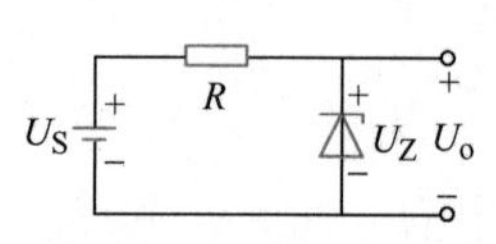

图1-20　习题 7 电路图

8. 两只硅稳压管的稳定电压分别为 6V、3.2V。若把它们串联起来，则可能得到几种稳定电压？各为多少？若把它们并联起来呢？

任务 1.2　直流稳压电源的制作

❖ 知识链接

直流稳压电源的组成如图 1-21 所示。

u_i → 降压 → 整流 → 滤波 → 稳压 → u_o

图 1-21　直流稳压电源的组成

1. 电源变压器

电源变压器的作用是将交流电网提供的 220V、50Hz 市电变成所需的交流电压。

2. 整流器

整流器的作用是将 220V、50Hz 交流电变成单向脉动的直流电。

任务1.2　直流稳压电源的组成

3. 滤波器

滤波器的作用是将整流所得的脉动直流电中的交流成分滤除。

4. 稳压器

稳压器的作用是将滤波电路输出的直流电压稳定不变，即输出直流电压不随电网电压和负载的变化而变化。

1.2.1　整流电路

1.2.1　整流电路

1. 半波整流电路

(1) 电路组成与工作原理

半波整流电路及波形图如图 1-22 所示。

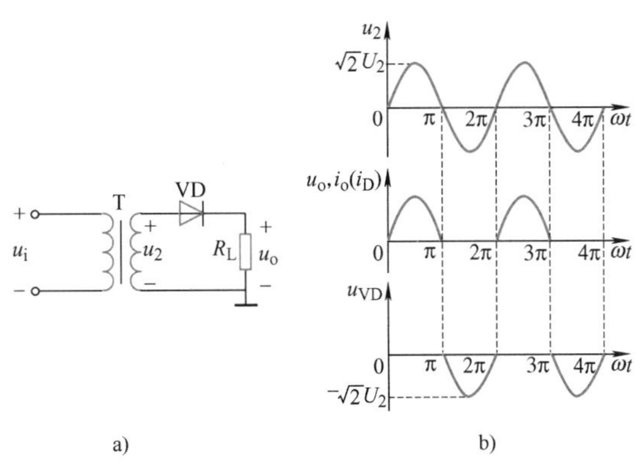

图 1-22　半波整流电路及波形图
a) 电路图　b) 波形图

(2) 主要性能指标

1) 整流输出电压平均值 $u_{o(AV)}$。

$$u_{o(AV)} = \frac{1}{2\pi}\int_0^{\pi} u_2 d(\omega t) = \frac{1}{2\pi}\int_0^{\pi} \sqrt{2}U_2 \sin(\omega t) d(\omega t) \approx 0.45U_2 \tag{1-1}$$

2) 整流输出电流平均值 $i_{o(AV)}$。

$$i_{o(AV)} = \frac{u_{o(AV)}}{R_L} \approx 0.45\frac{U_2}{R_L} \tag{1-2}$$

1.2.1-2　全波整流电路仿真

3) 二极管的正向平均电流 $i_{VD(AV)}$。

$$i_{VD(AV)} = i_{o(AV)} = \frac{u_{o(AV)}}{R_L} \approx 0.45\frac{U_2}{R_L} \tag{1-3}$$

4) 二极管所承受的最大反向电压 U_{RM}。

U_{RM}是指二极管反偏时所承受的最大反向电压，有

$$U_{RM} = \sqrt{2}U_2 \tag{1-4}$$

2. 全波整流电路

(1) 电路组成与工作原理

全波整流电路及波形图如图 1-23 所示。

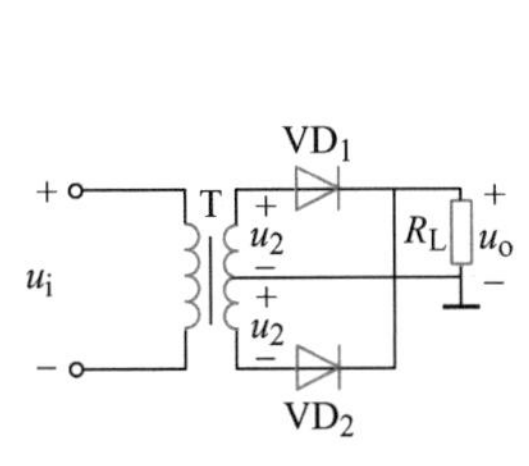

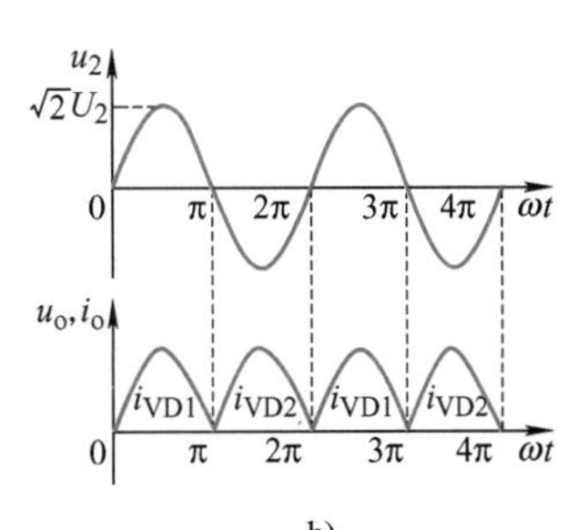

图 1-23　全波整流电路及波形图
a) 电路图　b) 波形图

(2) 主要性能指标

1) 整流输出电压平均值 $u_{o(AV)}$。

$$u_{o(AV)} \approx 0.9U_2 \tag{1-5}$$

2）整流输出电流平均值 $i_{o(AV)}$。

$$i_{o(AV)} = \frac{u_{o(AV)}}{R_L} \approx 0.9\frac{U_2}{R_L} \tag{1-6}$$

3）二极管的正向平均电流 $i_{VD(AV)}$。

$$i_{VD1(AV)} = i_{VD2(AV)} = \frac{i_{o(AV)}}{2} = \frac{u_{o(AV)}}{2R_L} \approx 0.45\frac{U_2}{R_L} \tag{1-7}$$

4）二极管所承受的最大反向电压 U_{RM}。

$$U_{RM} = 2\sqrt{2}U_2 \tag{1-8}$$

3. 桥式整流电路

（1）电路组成与工作原理

桥式整流电路及波形图如图 1-24 所示。

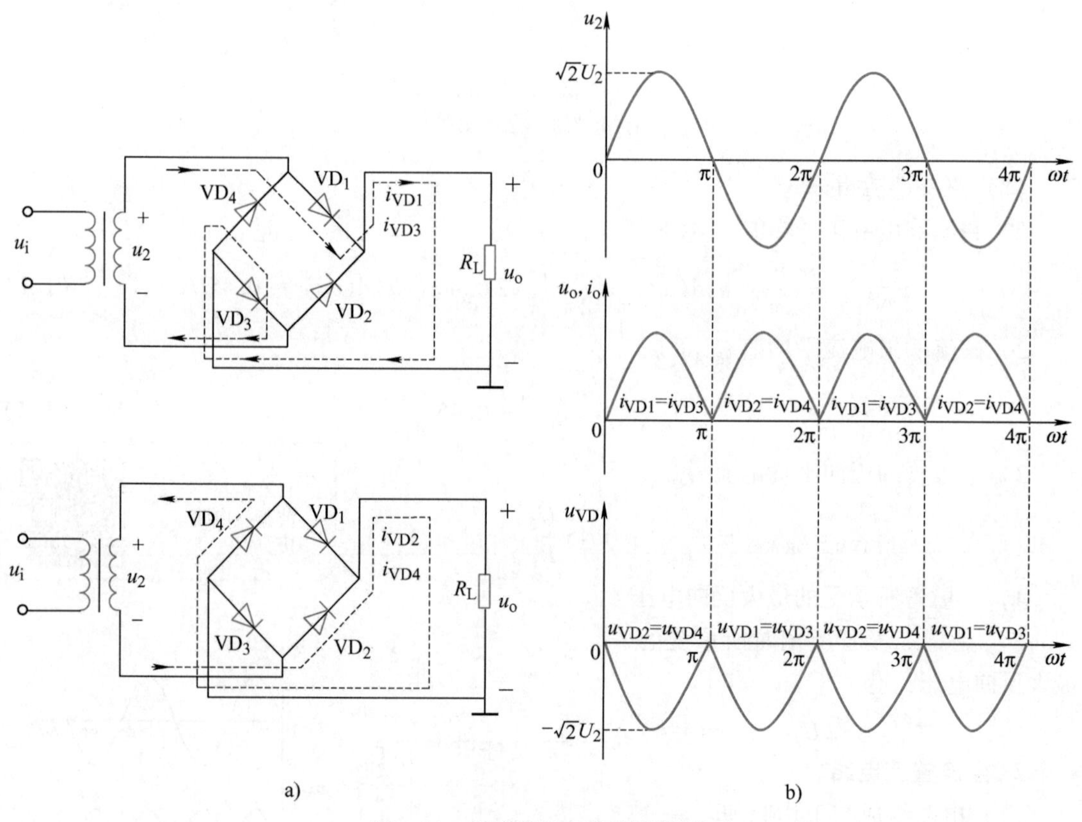

图 1-24　桥式整流电路及波形图

a）电路图　b）波形图

（2）主要性能指标

$$u_{o(AV)} \approx 0.9U_2 \tag{1-9}$$

$$i_{o(AV)} = \frac{u_{o(AV)}}{R_L} \approx 0.9\frac{U_2}{R_L} \tag{1-10}$$

$$i_{VD(AV)} = \frac{i_{o(AV)}}{2} = \frac{u_{o(AV)}}{2R_L} \approx 0.45\frac{U_2}{R_L} \tag{1-11}$$

$$U_{RM} = \sqrt{2}U_2 \tag{1-12}$$

1.2.2　滤波电路

1. 电容滤波电路

电容滤波电路及波形图如图 1-25 所示。

1）空载时的情况：$u_o = u_C \approx \sqrt{2}U_2$ 保持不变。

2）带电阻负载时的情况如下。

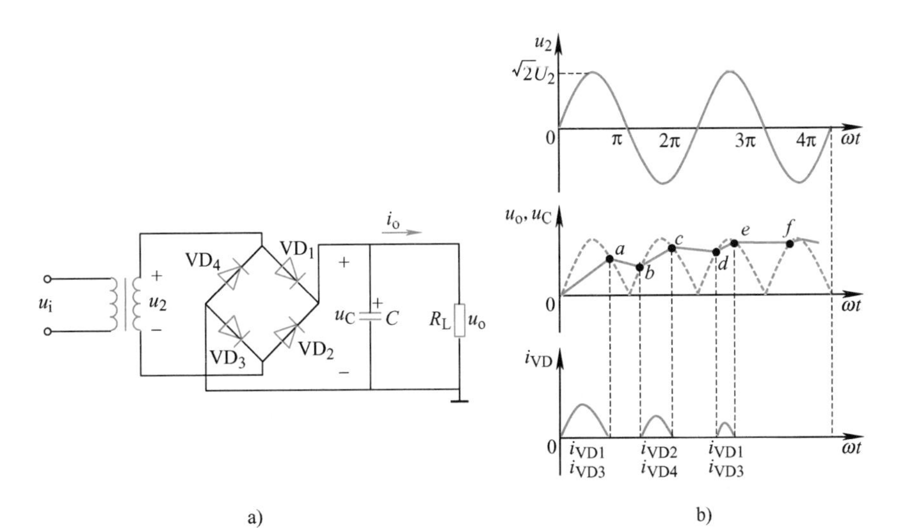

图 1-25　电容滤波电路及波形图

a）电路图　b）波形图

负载上的电压为

$$U_o = u_{o(AV)} \approx 1.2U_2 \tag{1-13}$$

2. 电感滤波电路

经电感滤波后，输出电流和电压的波形也可以变得平滑，脉动减小。显然，L 越大，滤波效果越好。由于 L 上的直流电压降很小，可以忽略，故电感滤波电路的输出电压平均值与桥式整流电路相同，即 $U_o = u_{o(AV)} = 0.9U_2$。由于 R_L 和 L 串联对整流输出中的纹波分压，因此 R_L 越小，电感滤波器输出纹波越小，当 $\omega L >> R_L$ 时，输出纹波近似为零。电感滤波电路及波形图如图 1-26 所示。

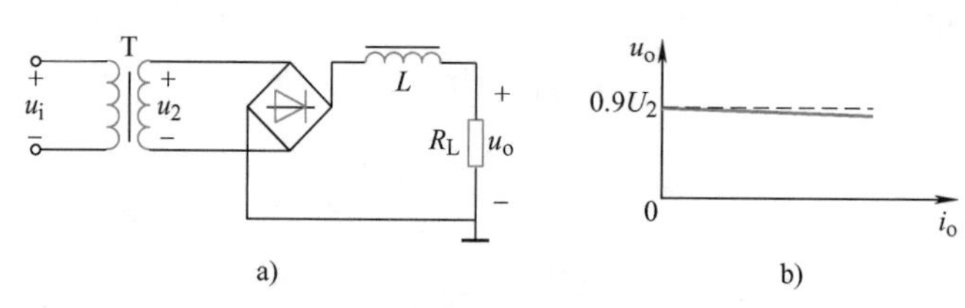

图 1-26　电感滤波电路及波形图

a）电路图　b）波形图

1.2.3　稳压电路

1.2.3　稳压电路

1. 稳压电路的主要指标

（1）稳压系数 S_γ

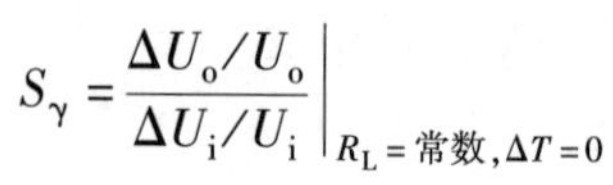

$$S_\gamma = \left.\frac{\Delta U_o / U_o}{\Delta U_i / U_i}\right|_{R_L = 常数, \Delta T = 0}$$

（2）输出电阻（或内阻）R_o

$$R_o = -\left.\frac{\Delta U_o}{\Delta I_o}\right|_{\Delta U_i = 0, \Delta T = 0}$$

（3）温度系数 S_T

$$S_T = -\left.\frac{\Delta U_o}{\Delta T}\right|_{\Delta U_i = 0, R_L = 常数}$$

2. 稳压管稳压电路

（1）电路组成与工作原理

稳压管稳压电路如图 1-27 所示。

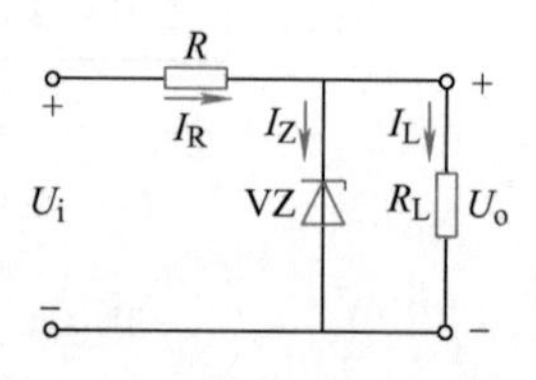

图 1-27　稳压管稳压电路

若输入电压 U_L或 R_L升高，则必将引起输出电压 U_o升高，而对于并联在负载两端的稳压管来说，其电压 U_Z稍一增加，就会使流过稳压管的电流急剧增加，这将导致限流电阻 R 上的电压降增加，从而使负载两端的输出电压下降。可见稳压管是利用其电流的剧烈变化，通过限流电阻将其转化为电压降的变化来吸收输入电压 U_i 的变化，从而维持了输出电压 U_o的稳定。如下所示。

$U_i\uparrow$、$R_L\uparrow$ → $U_o\uparrow$ $\xrightarrow{U_o=U_Z}$ $I_Z\uparrow$ → $I_R\uparrow$ → $I_RR\uparrow$

$U_o\downarrow$ ← $U_o=U_i-I_RR$ ← $I_RR\uparrow$

（2）主要指标

1）稳压系数 S_γ。

稳压管稳压电路的交流等效电路如图 1-28 所示。

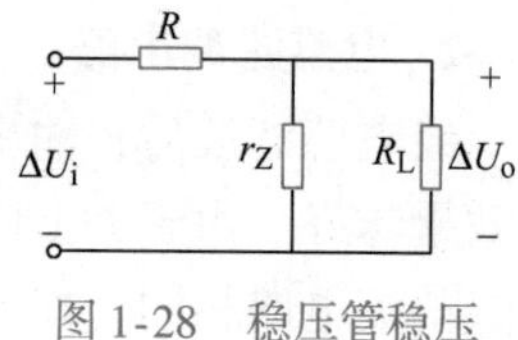

图 1-28　稳压管稳压电路的交流等效电路

其中 r_Z很小，$r_Z \ll R_L$，则有

$$\frac{\Delta U_o}{\Delta U_i}=\frac{r_Z/\!/R_L}{R+r_Z/\!/R_L}\approx\frac{r_Z}{R+r_Z} \tag{1-14}$$

$$S_\gamma=\frac{\Delta U_o/U_o}{\Delta U_i/U_i}=\frac{\Delta U_o}{\Delta U_i}\frac{U_i}{U_o}\approx\frac{r_Z}{R+r_Z}\frac{U_i}{U_Z} \tag{1-15}$$

2）输出电阻 R_o。

$$R_o=r_Z/\!/R\approx r_Z \tag{1-16}$$

3. 串联型稳压电路

（1）电路组成与稳压原理

串联型稳压电路的组成框图如图 1-29a 所示，图 1-29b 为相应的简单串联型稳压电路原理图。由于起电压调整作用的调整管与负载串联，所以称为串联型稳压电路。

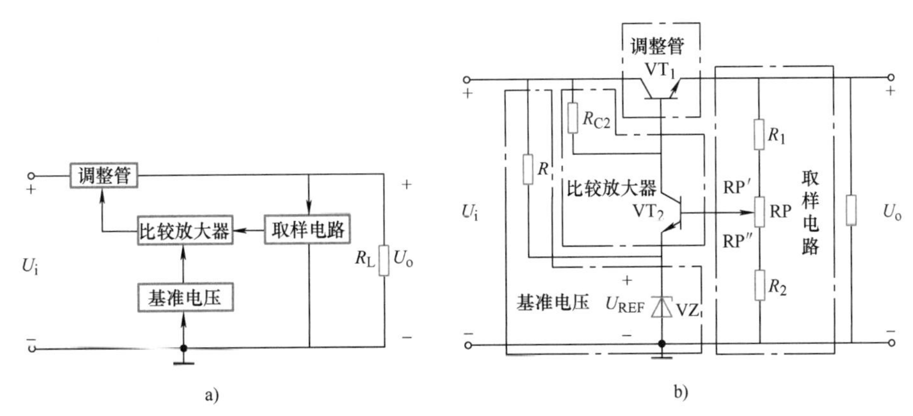

图 1-29　串联型稳压电路

a）组成框图　b）电路图

若由于电网电压减小或负载电流增大导致 U_o 减小时，VT_2 的基极电位 U_{B2} 减小，U_{B2} 与 U_Z 的差值（U_{BE2}）减小，调整管 VT_1 的基极电压（VT_2 的集电极电位）增大，VT_1 的管压降 U_{CE} 减小，输出电压 U_o 增大，从而使得稳压电路的输出电压减小趋势受到抑制，稳定了输出电压。如下所示。

$$U_o\downarrow\rightarrow U_{B2}\downarrow\rightarrow U_{BE2}=(U_{B2}-U_Z)\downarrow\rightarrow U_{B1}=U_{C2}\uparrow\rightarrow U_{CE1}\downarrow$$

$$\rightarrow U_o\uparrow$$

（2）输出电压的调节范围

$$U_o\approx\frac{R_1+RP+R_2}{RP''+R_2}(U_Z+U_{BE2})\approx\frac{R_1+RP+R_2}{RP''+R_2}U_Z \tag{1-17}$$

$$U_{omin}\approx\frac{R_1+RP+R_2}{RP+R_2}(U_Z+U_{BE2})\approx\frac{R_1+RP+R_2}{RP+R_2}U_Z$$

$$U_{omax}\approx\frac{R_1+RP+R_2}{R_2}(U_Z+U_{BE2})\approx\frac{R_1+RP+R_2}{R_2}U_Z$$

（3）电路的改进

1）存在问题：比较放大器的放大倍数不够大，电压调节能力不强，且 U_i 的波动会通过 R_{C2} 对 U_o 产生影响。

改进措施：采用电流源作为 VT_2 集电极负载。如图 1-30 所示，VT_3、VZ_1、R_4、R_5 组成电流源。

2）存在问题：与稳压电源输出电压成比例的基准电压会随管子电流的变化和环境温度的变化而变化，使输出电压的稳定性受到影响。

改进措施：采用高精度的基准电压源，如图 1-31 所示。

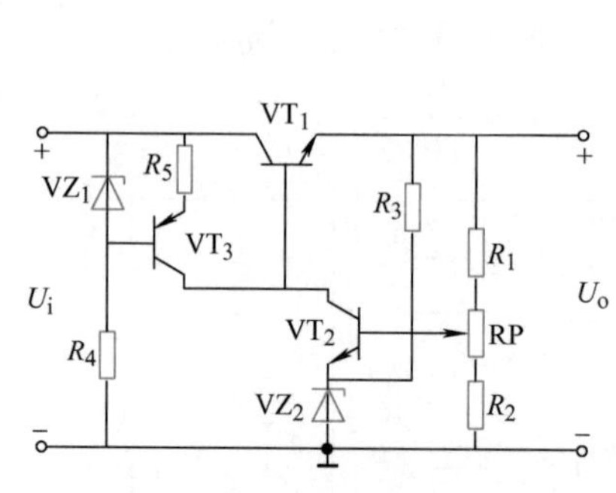

图 1-30　采用电流源电路

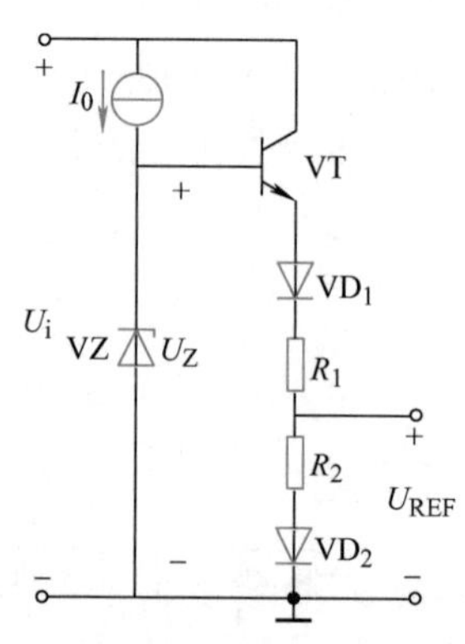

图 1-31　采用高精度的基准电压源电路

图 1-31 为带有温度补偿的基准电压源。恒流源 I_0 向稳压管 VZ 提供稳定的电流，VZ 两端的稳定电压 U_Z 通过 VT 的发射结再经 VD_1、R_1、R_2、VD_2 分压输出基准电压 U_{REF}。设 VT 管发射结和 VD_1、VD_2 管正向导通电压均为 U_{BE}，则

$$U_{REF}=\frac{R_2U_Z+(R_1-2R_2)U_{BE}}{R_1+R_2} \tag{1-18}$$

式中，U_Z 在 6～8V 之间，具有正温度系数，而 U_{BE} 具有负温度系数，二者具有温度补偿作用。可以证明，当 R_1、R_2 满足下列条件时，U_{REF} 温度系数为零。

$$\frac{R_1-2R_2}{R_2}=-\frac{\Delta U_Z/\Delta T}{\Delta U_{BE}/\Delta T} \tag{1-19}$$

4. 三端集成稳压电路

（1）三端稳压器的基本组成

三端稳压器组成框图如图 1-32 所示。

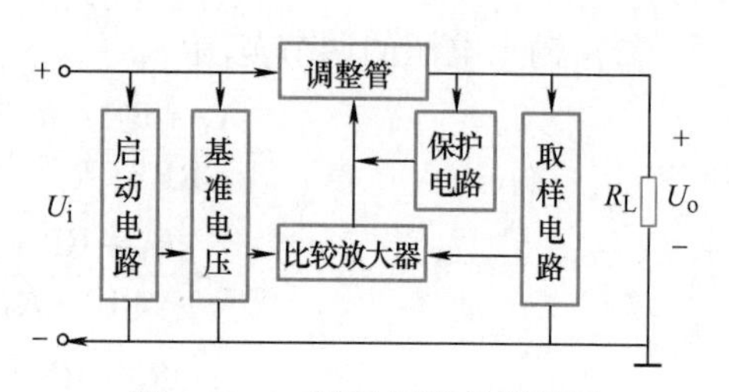

图 1-32　三端稳压器组成框图

（2）三端稳压器的应用电路

根据三端稳压器按输出电压是否可调，分为固定式和可调式两种。

固定式稳压器有正电压输出的 78 系列和负电压输出的 79 系列，每个系列按输出电压高低又分为 9 种，以 78 系列为例，有 7805、7806、7808、7809、7810、7812、7815、7818、7824。

78 系列稳压器的基本应用电路如图 1-33 所示。

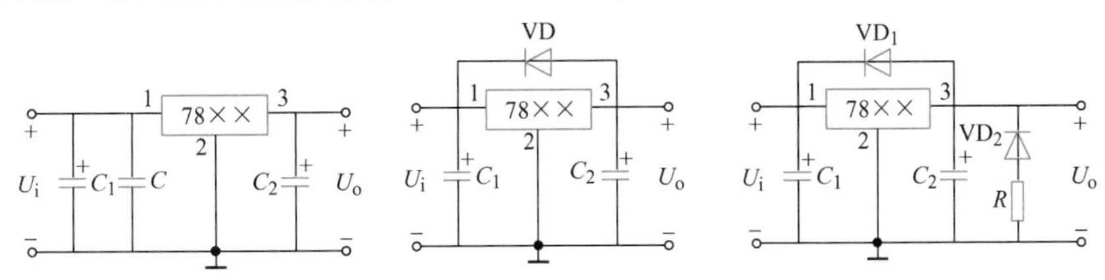

图 1-33 78 系列稳压器的基本应用电路

可调式三端稳压器有正电压输出的 117、217、317 系列和负电压输出的 137、237、337 系列，每个系列根据输出电流不同，还有子系列。可调式三端稳压器的三个端分别为输入端、输出端和调整端。如图 1-34 所示 CW317 应用电路。

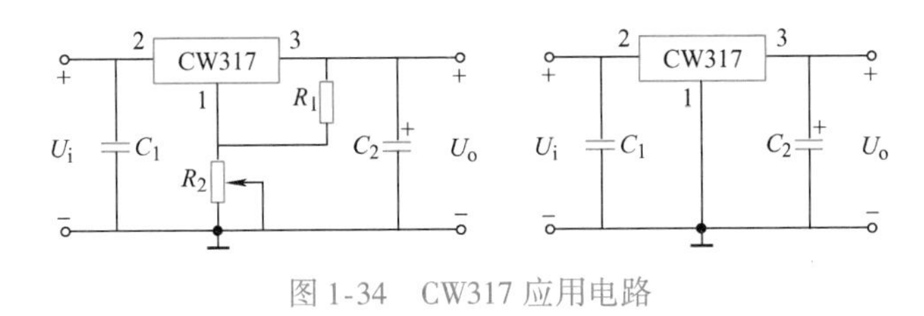

图 1-34 CW317 应用电路

输出电压为

$$U_o \approx 1.25 \times \left(1 + \frac{R_2}{R_1}\right) \tag{1-20}$$

❖ 实操训练

1. 明确任务

1）仪器和器材（查学习工作页）。

2）技能训练电路图（查学习工作页）。

3）内容和步骤（查学习工作页）。

2. 电路的制作

本电路将在面包板上完成连接或在万能板上焊接。

3. 电路调试

1）对照电路原理图检查各元器件安装是否正确，检查元器件的连接极性及电路连线，然后接通电源进行调试。

2）接通电源，观察电路输出端电压的变化。

4. 职业素养培养

1）完成工作任务的过程中，所有操作都应符合安全操作规程；仪器、仪表使用规范、安全。

2）工具摆放整齐，符合职业岗位要求；使用规范，符合安全要求。

3）搭建电路的模块布局合理，不产生干扰，不存在安全隐患。

4）包装物品、导线线头等的处理符合职业岗位的要求，保持工位的整洁。

5）遵守纪律，尊重团队成员，爱惜实验室的设备和器材。

5. 评价

任务评价主要采用过程评价，以自评、互评和教师评价相结合的方式进行。

❖ 课后习题

1. 选择题

1）整流的目的是（　　）。

A. 将高频变为低频　　B. 将交流变为直流

C. 将正弦波变为方波　　D. 将正弦波变为三角波

2）直流稳压电源中滤波电路的目的是（　　）。

A. 将交流变为直流　　B. 将高频变为低频

C. 将交、直流混合量中的交流成分滤掉　　D. 将正弦波变为方波

3）在单相桥式整流电路中，若有一只整流管接反，则（　　）。

A. 输出电压约为 $2u_{VD}$　　B. 变为半波直流

C. 整流管将因电流过大而烧毁　　D. 无变化

4）已知变压器二次电压的有效值为20V，则桥式整流电容滤波电路接上负载时的输出电压平均值约为（　　）。

A. 28V　　B. 24V　　C. 20V　　D. 18V

5）已知变压器二次电压为 $u_2=\sqrt{2}U_2\sin\omega t$V，负载电阻为 R_L，则半波整流电路流过二极管的平均电流为（　　）。

A. $0.45\dfrac{U_2}{R_L}$　　B. $0.9\dfrac{U_2}{R_L}$　　C. $\dfrac{U_2}{2R_L}$　　D. $\dfrac{\sqrt{2}U_2}{2R_L}$

6）已知变压器二次电压为 $u_2=\sqrt{2}U_2\sin\omega t$V，负载电阻为 R_L，则桥式整流电路流过每只二极管的平均电流为（　　）。

A. $0.9\dfrac{U_2}{R_L}$　　B. $\dfrac{U_2}{R_L}$　　C. $0.45\dfrac{U_2}{R_L}$　　D. $\dfrac{\sqrt{2}U_2}{R_L}$

7）已知变压器二次电压为 $u_2=\sqrt{2}U_2\sin\omega t$V，负载电阻为 R_L，则桥式整流电路中二极管承受的反向峰值电压为（　　）。

A. U_2　　B. $\sqrt{2}U_2$　　C. $0.9U_2$　　D. $\dfrac{\sqrt{2}U_2}{2}$

2. 计算题

画出单相桥式整流电容滤波电路，若要求 $U_o=20$V，$I_0=100$mA，试求：

1）变压器二次电压有效值 U_2、整流二极管参数 I_F 和 U_{RM}。

2）滤波电容容量和耐压。

3）电容开路时输出电压的平均值。

4）负载电阻开路时输出电压的大小。

晶体管是几乎所有现代电子产品中的关键器件，被许多人看作20世纪最伟大的发明之一。它不仅特别适合用作开关，也是计算机的基本器件。晶体管还能给我们的生活带来丰富多彩的视觉感受，特别是夜晚来临的时候，各种灯光秀的登场会令人们大饱眼福。同时在家庭生活中也给人们带来方便，本次项目内容就是此类场景下的光控彩灯制作与调试。

项目2　光控彩灯电路的制作

❖项目描述

节能、智能、美观的光控彩灯给我们的生活带来丰富多彩的视觉感受，还能够给居家生活带来方便。这个闪亮的彩灯就是模拟电子技术课程中学习的发光二极管，它是半导体晶体管大家族中的一员。晶体管不仅特别适合用作电子开关，也是扬声器、计算机等设备的基本器件。本项目主要就是通过这个生活实例，带领同学们探索晶体管器件的原理以及他们的应用电路的设计与制作。同时，培养学生元器件识读、电路故障排查等技能。

❖职业岗位目标

知识目标

- 掌握晶体管器件的基本知识。
- 掌握晶体管放大电路的基本分析。
- 掌握晶体管开关电路的设计。

能力目标

- 能看懂晶体管电路原理图。
- 能利用仪器测试分析基本放大电路。
- 能实现简单应用电路的制作与调试。

素质目标

- 严谨认真、规范操作。
- 合作学习、团结协作。

任务2.1 晶体管的特性

❖ 知识链接

2.1.1 晶体管的结构和类型识别

双极型晶体管，又称晶体管、半导体晶体管，简称晶体管，泛指一切以半导体材料为基础的单一元件，它是用一定工艺制成的具有两个PN结的半导体器件。

晶体管按其结构分为NPN和PNP两类。相应的结构示意图和图形符号如图2-1所示。

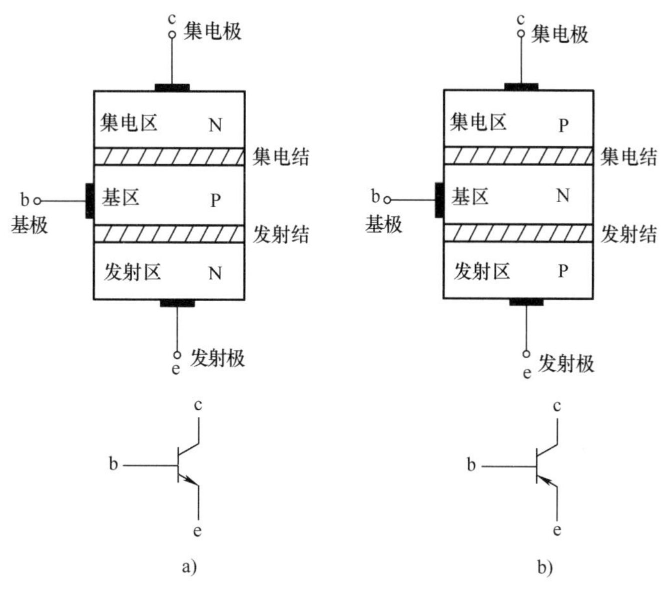

图2-1 晶体管的结构示意图和图形符号

a）NPN型 b）PNP型

其中，晶体管内部结构分为发射区、基区和集电区，相应引出的电极分别为发射极e、基极b和集电极c。发射区和基区之间的PN结称为发射结J_e，集电区和基区之间的PN结称为集电结J_c。电路符号中，发射极的箭头方向表示晶体管在正常工作时发射极电流的实际方向。

晶体管根据结构不同，可以分为NPN型和PNP型，按工作频率不同分为低频管和高频管，按耗散功率分为小功率晶体管和大功率晶体管，按所用的半导体材料分为硅管和锗管，按用途分为放大管、开关管和功率晶体管等。

目前，我国生产的硅管多为NPN型，锗管多为PNP型。一般晶体管外形都有三个电极，但大功率晶体管有时仅有两个电极引出，第三个电极（一般是集电极）是外壳，有些高频管、开关管引出四个电极，其中一个电极是接地屏蔽用的。

注意：晶体管并不是两个 PN 结的简单连接，它的制造工艺特点是：基区很薄且杂质浓度低，发射区杂质浓度高，集电结面积大，这是保证晶体管具有电流放大特性的内部条件。

2.1.2 晶体管的电流放大特性

2.1.2 晶体管的电流放大特性

1. 放大条件

(1) 内部条件

晶体管具有电流放大作用的内部条件就是前面提到的制造工艺特点。

(2) 外部条件

晶体管具有电流放大作用的外部条件是发射结正偏，集电结反偏。

对 NPN 型晶体管来说，必须满足：$U_{BE}>0$，$U_{BC}<0$，即 $V_C>V_B>V_E$。

对 PNP 型晶体管来说，必须满足：$U_{BE}<0$，$U_{BC}>0$，即 $V_C<V_B<V_E$。

满足上述偏置条件的 NPN 型管和 PNP 型管的直流供电电路如图 2-2 所示。

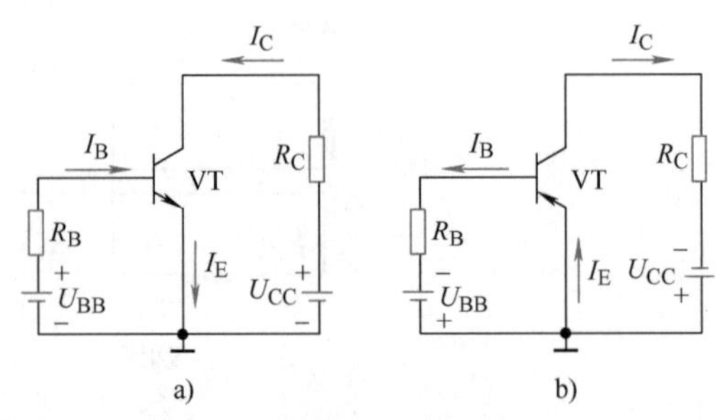

图 2-2 晶体管的直流供电电路

a) NPN 型 b) PNP 型

2. 电流分配关系

下面以 NPN 型晶体管为例讨论晶体管的电流放大原理。

如图 2-2a 所示，晶体管满足发射结正偏，集电结反偏。其中发射结正偏，可使发射区的多子（自由电子）通过 PN 结注入基区，并从电源负端不断补充电子，形成电流 I_E，其中注入基区的自由电子只有少量与基区的空穴复合（因为基区薄且杂质浓度低），形成电流 I_B，而大量没有复合的电子继续向集电区扩散。由于发射结反偏，使集电极电位高于基极电位，于是集电结上有较强的电场，把由发射区注入基区的自由电子大部分拉到集电区，同时电源正端不断从集电区拉走电子，形成集电极电流 I_C。

由 KCL 可知晶体管的电流分配关系为

$$I_E=I_C+I_B \tag{2-1}$$

由上面分析知

$$I_E>I_C>>I_B\text{，且 }I_C\approx I_E \tag{2-2}$$

当晶体管制成后，I_E、I_B 和 I_C 之间保持一定的比例，定义

$$\bar{\beta}\approx\frac{I_C}{I_B}\qquad\bar{\alpha}\approx\frac{I_C}{I_E} \tag{2-3}$$

分别称 $\bar{\beta}$、$\bar{\alpha}$ 为共发射极直流电流放大系数和共基极直流电流放大系数。

晶体管满足电流放大条件下，如果加入交流信号，定义

$$\beta=\frac{\Delta i_{C}}{\Delta i_{B}}\qquad \alpha=\frac{\Delta i_{C}}{\Delta i_{E}} \tag{2-4}$$

分别称β、α为共发射极交流电流放大系数和共基极交流电流放大系数。

一般情况下，$\bar{\beta}\approx\beta$、$\bar{\alpha}\approx\alpha$，因此本书后面都不再区分。$\alpha$值通常为0.95～0.995；$\beta$通常为20～200或更大。

【例2-1】 测得工作在放大状态的晶体管的两个电极电流如图2-3a所示。

1）求另一个电极电流，并在图中标出实际方向。

2）标出e、b、c极，判断该管是NPN型还是PNP型管。

3）估算其β和α值。

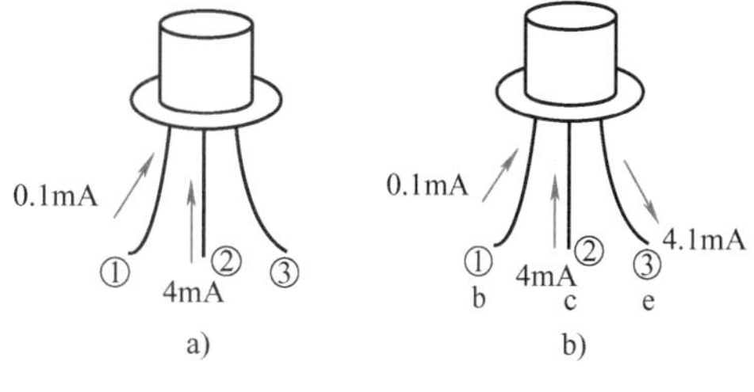

图2-3　例2-1图

a）例2-1图示意图　b）例2-1答案图

解：

1）由于晶体管各电极满足基尔霍夫电流定律（KCL），即流入和流出晶体管的电流大小相等，而在图2-3a中，①脚和②脚的电流均为流入管内，因此③脚电流必然为流出管外，且大小为（0.1+4）mA=4.1mA，③脚电流的大小和方向如图2-3b所示。

2）根据$I_E>I_C>I_B$知，①脚为b极，②脚为c极，③脚为e极。该管的发射极电流是流出管外的，所以它是NPN型管。e、b、c极标在图2-3b上。

3）由于$I_B=0.1\text{mA}$，$I_C=4\text{mA}$，$I_E=4.1\text{mA}$，所以

$$\beta\approx\frac{I_C}{I_B}=\frac{4}{0.1}=40$$

$$\alpha\approx\frac{I_C}{I_E}=\frac{4}{4.1}\approx0.976$$

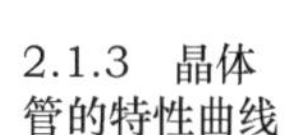

2.1.3　晶体管的特性曲线

晶体管各电极间电压和各电极电流之间的关系曲线称为晶体管的伏安特性曲线，分为输入特性曲线和输出特性曲线两种。下面介绍常用的NPN型晶体管的共射特性曲线。

1. 共射输入特性曲线

当集电极与发射极之间的电压u_{CE}一定时，基极与发射极之间的电压u_{BE}和基极电流i_B之间的关系曲线称为输入特性曲线，即

$$i_B=f(u_{BE})\big|_{u_{CE}=\text{常数}} \tag{2-5}$$

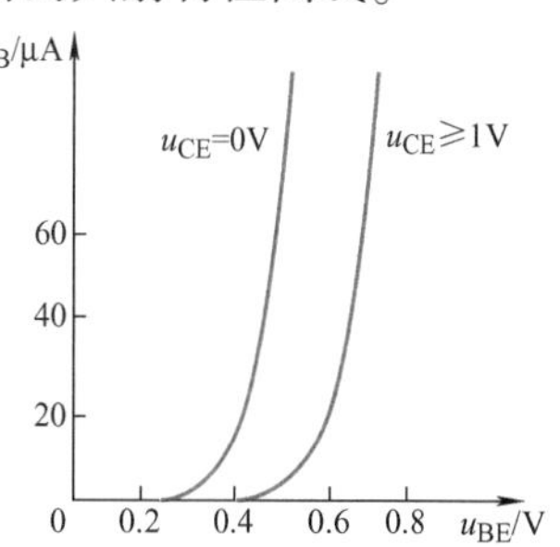

图2-4　某硅NPN管的共射输入特性曲线

图2-4为某硅NPN管的共射输入特性曲线，由图可以看出：

1）曲线是非线性的，也存在一段死区，当外加u_{BE}小于

死区电压时，晶体管不能导通，处于截止状态。

2）随着 u_{CE} 的增大，曲线逐渐右移，而当 $u_{CE} \geqslant 1V$ 以后，各条输入特性曲线密集在一起，几乎重合。因此只要画出 $u_{CE}=1V$ 的输入特性曲线就可代表 $u_{CE} \geqslant 1V$ 后的各条输入特性。

3）晶体管导通时，小功率晶体管 i_B 一般为几十到几百微安，相应的 u_{BE} 变化不大，一般硅管的 $|u_{BE}| \approx 0.7V$，锗管的 $|u_{BE}| \approx 0.2V$。

2. 共射输出特性曲线

当基极电流 i_B 一定时，集电极与发射极之间的电压 u_{CE} 和集电极电流 i_C 之间的关系曲线称为输出特性曲线，即

$$i_C = f(u_{CE})\big|_{i_B=\text{常数}} \tag{2-6}$$

当 i_B 取值不同时，就有一条不同的输出特性曲线，如图 2-5 所示。

由图 2-5 可以看出：曲线起始部分较陡，且不同 i_B 曲线的上升部分几乎重合，这表明 u_{CE} 很小时，一旦 u_{CE} 略有增大，i_C 就很快增加，但几乎不受 i_B 影响；当 u_{CE} 较大（如大于 1V）后，曲线比较平坦，但略有上翘，这表明 u_{CE} 较大时，i_C 主要取决于 i_B，而与 u_{CE} 关系不大；当 u_{CE} 增大到某一值时，晶体管发生击穿。由图 2-5 的共射输出特性曲线，可以把它分为以下 4 个区域。

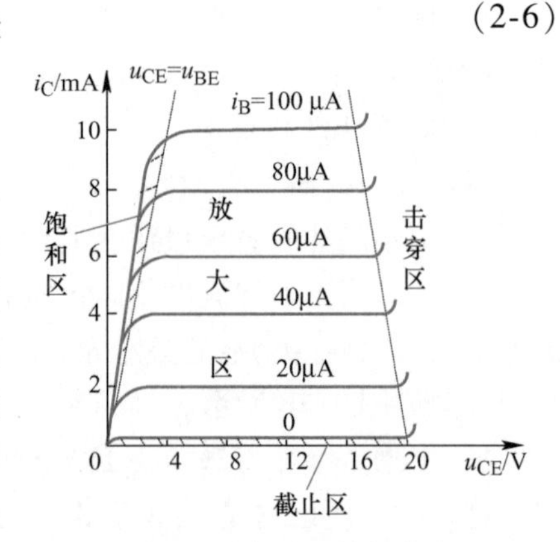

图 2-5　共射输出特性曲线

（1）截止区

通常把 $i_B=0$ 的输出特性曲线以下的区域称为截止区。其特点是各级电流均很小（约为零），此时发射结和集电结均反偏（严格来说，对于发射结应该是 $u_{BE} < U_{on}$），晶体管失去放大作用呈高阻状态，e、b、c 之间近似看成开路。

（2）放大区

输出特性曲线中的平坦部分（近似水平的直线）称为放大区。在放大区，发射结正偏（严格说来，应是 $u_{BE} > U_{on}$），集电结反偏，此时 $i_C \approx \beta i_B$，受 i_B 控制，与 u_{CE} 基本无关，可以近似看成恒流（恒流特性）。由于 $\Delta i_C >> \Delta i_B$，所以晶体管具有电流放大的作用。曲线间的间隔大小反映出 β 的大小，即晶体管的电流放大能力。晶体管只有工作在放大区才有放大作用。由于 i_C 受控于 i_B，所以晶体管是一种电流控制器件。

（3）饱和区

输出特性曲线中，$u_{CE} \leqslant u_{BE}$ 的区域，即曲线的上升段组成的区域称为饱和区。该区的发射结和集电结都正偏（严格说来，对于发射结应该是 $u_{BE} > U_{on}$），晶体管失去放大作用，各极之间电压很小，而电流却很大，呈现低阻状态，各极之间近似看成短路。

饱和时的 u_{CE} 称为饱和电压降，用 $U_{CE(sat)}$ 表示。$U_{CE(sat)}$ 很小，小功率硅管 $|U_{CE(sat)}| \approx 0.3V$，小功率锗管 $|U_{CE(sat)}| \approx 0.1V$，大功率硅管 $|U_{CE(sat)}| > 1V$。

（4）击穿区

击穿区位于图2-5右上方，其中 $i_B=0$ 时的击穿电压 $U_{(BR)CEO}$ 称为基极开路时集-射极间击穿电压。击穿电压随 i_B 的增大而减小，工作时应避免晶体管击穿。

模拟电路中，晶体管工作在放大区；数字电路中，晶体管工作在截止区和饱和区。在实际工作中，常可利用测量晶体管各极之间的电压来判断它的工作状态。小功率 NPN 型晶体管各极电压的典型数据见表2-1。

表2-1　小功率 NPN 型晶体管各极电压的典型数据

管　型	饱和区		放大区	截止区		备注
	u_{BE}/V	u_{CE}/V	u_{BE}/V	u_{BE}/V		
				一般	可靠截止	
硅	0.7	0.3	0.7	<0.5	0	对于 PNP 型管，相应的各极电压符号相反
锗	0.2	0.1	0.2	<0.1	-0.1	

2.1.4　晶体管的主要参数

晶体管的参数用来表征其性能优劣和适用范围，由于制造工艺的关系，即使同一型号的晶体管，其参数的分散性也很大，手册上给出的参数仅为一般的典型值，使用时应以实测作为依据。下面介绍晶体管的几个主要参数。

1. 电流放大系数

这是表征晶体管放大能力的参数，主要有共基极电流放大系数 α 和 $\bar{\alpha}$，共发射极电流放大系数 β 和 $\bar{\beta}$。β 值的大小表示晶体管放大能力的大小，但并不是 β 值大的晶体管性能就好。由于 β 值大的晶体管温度稳定性较差，其值一般取20～200为宜。

2. 极间反向电流

这是表征晶体管稳定性的参数。由于级间反向电流受温度影响很大，所以其值太大会使晶体管工作不稳定。

（1）集电极-基极反向饱和电流 I_{CBO}

表示发射极开路时集电结的反向饱和电流。其值很小，小功率硅管 $I_{CBO}<1\mu A$，小功率锗管的 $I_{CBO}<10\mu A$。I_{CBO} 越小越好。

（2）穿透电流 I_{CEO}

表示基极开路时集电极和发射极间加上规定电压时的电流。由于 $I_{CEO}=(1+\beta)I_{CBO}$，所以 I_{CEO} 比 I_{CBO} 大得多。小功率硅管的 I_{CEO} 小于几微安，小功率锗管的 I_{CEO} 可达几十微安以上，I_{CEO} 大的晶体管性能不稳定。

3. 极限参数

这是表征晶体管能安全工作的参数，即晶体管工作时不能超过的限度。

（1）集电极最大允许电流 I_{CM}

由前述知，I_C 在很大范围内，β 值基本不变，但当 I_C 很大时，β 值会下降，I_{CM} 是指 β 值

明显下降时的 I_C。当 $I_C > I_{CM}$ 时，晶体管不一定会损坏，但性能会显著下降。

（2）集电极最大允许功耗 P_{CM}

晶体管损耗的功率主要在集电结上，P_{CM} 是指集电结上允许损耗功率的最大值，超过此值将导致晶体管性能变差或烧毁。集电结损耗的功率转化为热能，使其温度升高，再散发至外部环境，因此某一晶体管的 P_{CM} 大小与环境温度和散热条件有关。手册上给出的 P_{CM} 值是指在常温（25℃）和一定的散热条件下测得的，当晶体管加装散热片时，其值可以提高。

（3）集电极-发射极极间击穿电压 $U_{(BR)CEO}$

表示基极开路时，集电极与发射极之间所允许加的最大电压。使用时不能超过此值，否则将使晶体管性能变差甚至会烧毁。

【例 2-2】 若测得放大电路中的两个晶体管三个电极对地电位 V_1、V_2、V_3 分别为下述数值，试判断它们是硅管还是锗管？是 NPN 型还是 PNP 型？并确定 b、c、e 极。

（1）$V_1 = 2.5V$，$V_2 = 6V$，$V_3 = 1.8V$。

（2）$V_1 = -6V$，$V_2 = -3V$，$V_3 = -2.8V$。

解：

（1）由于 1、3 脚间的电位差 $V_{13} = V_1 - V_3 = 0.7V$，故 1、3 脚间为发射结，则 2 脚为 c 极，该管为硅管。又 $V_2 > V_1 > V_3$，故该管为 NPN 型，且 1 脚为 b 极，3 脚为 e 极。

（2）由于 2、3 脚间的电位差 $V_{23} = V_2 - V_3 = 0.2V$，故 2、3 脚间为发射结，则 1 脚为 c 极，该管为锗管。又 $V_1 < V_2 < V_3$，故该管为 PNP 型，且 2 脚为 b 极，3 脚为 e 极。

❖ 实操训练

1. 明确任务

1）仪器和器材（查学习工作页）。

2）技能训练电路图（查学习工作页）。

3）内容和步骤（查学习工作页）。

2. 电路的制作

本电路将在面包板上完成连接或万能板上焊接。

实操训练 晶体管识别与检测

（1）晶体管识别与检测（查看视频）

查阅资料，认识晶体管的型号、主要参数，填入表 2-2 中。

表 2-2 晶体管的主要参数

型　号	主要参数
9013	
9012	
D880	

画出晶体管的外形，用万用表判别所给晶体管的管型和各电极，并判别其好坏，结果记录在表2-3中。

表2-3　晶体管识别与检测

被测管	外形（含b、c、e对应位置）	管型	β值	质量
9013				
9012				
D880				

（2）电路的搭接

按电路图搭接电路。

3. 电路调试

1）对照电路原理图检查各元器件安装是否正确，检查元器件的连接极性及电路连线，然后接通电源进行调试。

2）接通电源，观察LED发光二极管的变化，并测量电位数值。

4. 职业素养培养

1）完成工作任务的过程中，所有操作都应符合安全操作规程；仪器、仪表使用规范、安全。

2）工具摆放整齐，符合职业岗位要求；使用规范，符合安全要求。

3）搭建电路的模块布局合理，不产生干扰，不存在安全隐患。

4）包装物品、导线线头等的处理符合职业岗位的要求，保持工位的整洁。

5）遵守纪律，尊重团队成员，爱惜实验室的设备和器材。

5. 评价

任务评价主要采用过程评价，以自评、互评和教师评价相结合的方式进行。

❖ 课后习题

1. 稳压二极管和普通二极管的伏安特性有何区别？两者是否可以互换使用？

2. 温度对二极管的正向特性影响小，对其反向特性影响大，为什么？

3. 常用的特殊二极管有几种？画出它们的图形符号并简述它们各自的工作状态。

4. 电路如图2-6所示，VD_A和VD_B均为理想二极管，分别计算以下三种情况下，Y点的电位及流过VD_A、VD_B和R的电流I_A、I_B和I_R。

1）$V_A = V_B = 0V$。

2）$V_A = +3V$、$V_B = 0V$。

3）$V_A = V_B = +3V$。

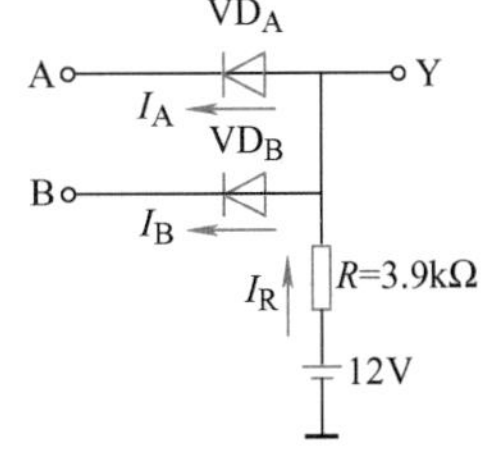

图2-6　习题4电路图

5. 如图2-7所示，$E = 5V$，$u_i = 10\sin\omega t V$，二极管看成理想型，试画出输出电压u_o的波形。

6. 如图2-8所示电路，若稳压管$U_Z = 5V$，试求以下情况

1）$U_S = 8V$。

2）$U_S = 2V$。对应的 U_o是多少。

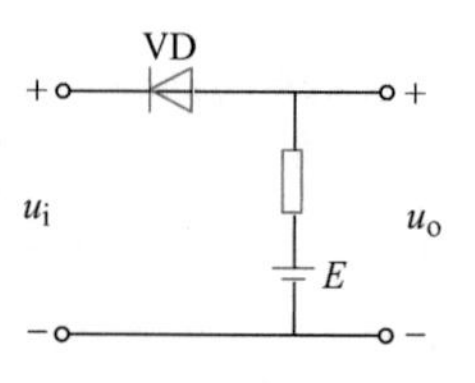

图 2-7　习题 5 电路图

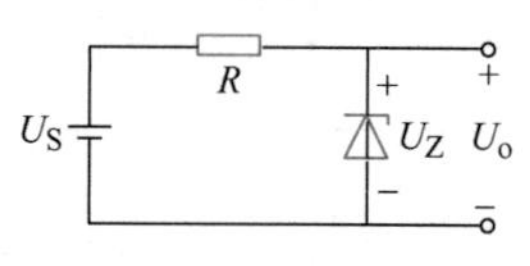

图 2-8　习题 6 电路图

7. 两只硅稳压管的稳定电压分别为 6V、3.2V。若把它们串联起来，则可能得到几种稳定电压？各为多少？若把它们并联起来情况又如何呢？

8. 各晶体管的各个电极对地电位如图 2-9 所示，试判断各晶体管处于何种工作状态？(设 PNP 型为锗管，NPN 型为硅管)

9. 测得放大电路中两个晶体管的三个电极对地电位分别为下述数值，试判断它们是硅管还是锗管？是 NPN 还是 PNP 型？并确定 b、c、e 极。

1）5.8V，6V，2V。

2）−1.5V，−4V，−4.7V。

10. 测得工作在放大状态的某晶体管的两个电极电流如图 2-10 所示。

1）在图中标出剩下那个电极的电流方向和大小。

2）判断该管的类型和引脚排列。

3）估算 β 值。

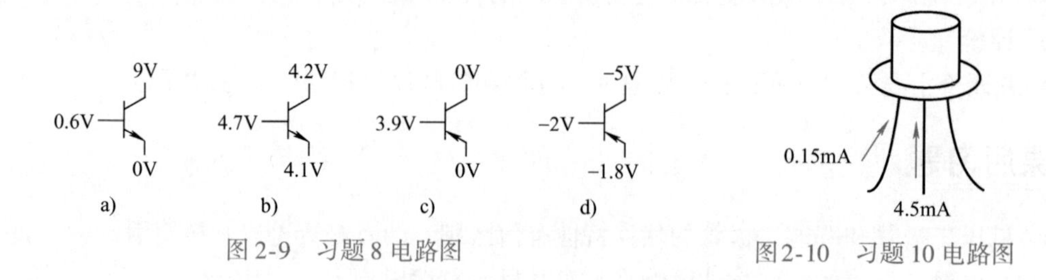

图 2-9　习题 8 电路图

图 2-10　习题 10 电路图

任务 2.2　共射固定偏置基本放大电路

❖ 知识链接

2.2.1　放大电路的基本概念

1. 放大电路的框图

放大器的作用是将微弱的电信号（电压或电流）放大到足够大的数值，并提供给负载。

常见的扩音机就是一个典型的放大电路，如图 2-11 所示，传声器是一个声电转换器件，把声音信号转换成微弱的电信号，并作为扩音机的输入信号；该信号被扩音机放大后得到很强的电信号提供给负载（扬声器），扬声器把很强的电信号转换成洪亮的声音。注意：扩音机需要直流电源供电。

放大器的种类很多：按电路形式不同，可分为共射、共集、共基放大器，差动放大器等；按输入信号的强弱不同，可分为小信号放大器和大信号放大器（又称功率放大器）；按工作频段不同，可分为直流放大器、低频放大器、视频放大器、高频放大器和宽带放大器等；按放大电信号的性质不同，又可分为电压放大器、电流放大器等；按放大器件的数量多少，还可以分为由单个放大器件构成的单管放大器和由多个单管放大器共同构成的多级放大器等。无论哪一种放大电路，其基本框图都和扬声器相似，如图 2-12 所示。

图 2-11 扩音机示意图

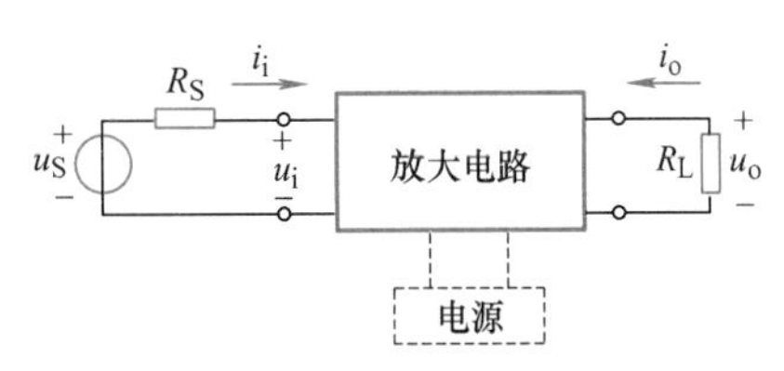

图 2-12 放大电路基本框图

2. 电压、电流的符号和正方向的规定

（1）电压、电流符号的规定

在晶体管及其放大电路中，同时存在直流量和交流量，某一时刻的电压或电流的数值，称为总瞬时值，它可以表示为直流分量和交流分量的叠加。为了能简单区分，每个量都用相应的符号表示，其符号由基本符号和下标符号两部分组成。基本符号中，大写字母表示相应的直流量或有效值，小写字母表示随时间变化的量，下标符号中，大写字母表示直流量和瞬时值，小写字母表示变化的分量。下面以集电极电流为例，说明各种符号所表示的意义。

I_C——集电极直流电流　　i_c——集电极电流交流分量瞬时值

i_C——集电极电流总的瞬时值　　I_c——集电极电流的有效值

$i_{C(AV)}$，$I_{C(AV)}$——集电极电流的平均值　　I_{cm}——集电极电流交流分量的最大值

ΔI_C——集电极直流电流的变化量　　Δi_C——集电极电流总的变化量

当变化量为正弦交流信号时，$\Delta i_C = i_c$，且 $i_C = I_C + \Delta i_C = I_C + i_c$。

（2）电压、电流正方向的规定

电压和电流的正方向是相对的。一般把输入回路、输出回路和直流电源的公共端点称为“地”，用符号⊥表示（该点并不是真正接到大地上），并以地端作为零电位的参考点。这样，电路中各点的电压实际上就是该点与地之间的电位差。

3. 放大电路的主要性能指标

放大电路的性能指标是为了衡量它的性能优劣而引入的，实际放大电路的输入信号一般都比较复杂，为了分析和测试的方便，研究放大电路的性能指标时，输入信号都取正弦交流信号。这是由于根据傅里叶理论，任何一个实际信号都可以分解为许多不同幅值和不同频率

的正弦信号分量，而且正弦信号容易获得，也容易测量。一个放大电路可以用一个有源二端网络来模拟，如图 2-13 所示。

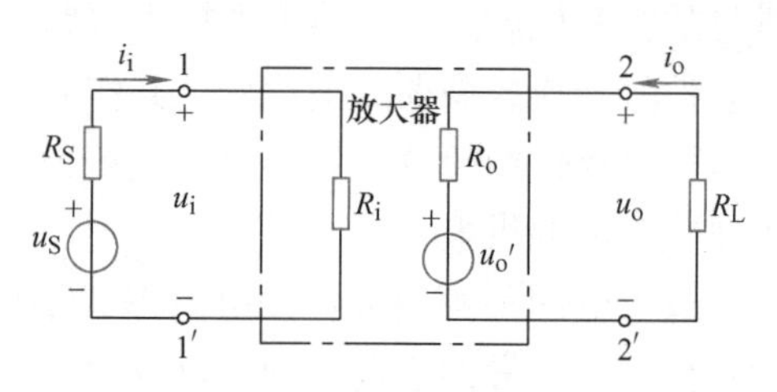

图 2-13　放大电路的有源二端网络形式

衡量放大器性能的指标主要有放大倍数、输入电阻、输出电阻和通频带等。

（1）放大倍数

放大倍数又称为增益，它的定义是输出信号与输入信号的比值，它是衡量放大器放大能力的指标，此值越大，放大器的放大能力越强。常用的放大倍数主要有以下几种。

电压放大倍数　$$A_u=\frac{u_o}{u_i}$$

电流放大倍数　$$A_i=\frac{i_o}{i_i}$$

功率放大倍数　$$A_p=\frac{p_o}{p_i}$$

在工程上常用分贝（dB）表示电压放大倍数、电流放大倍数和功率放大倍数的大小，分别简称为电压增益、电流增益和功率增益，用 A_u、A_i和 A_p表示。

$$A_u=20\lg|A_u|\,(\mathrm{dB})$$
$$A_i=20\lg|A_i|\,(\mathrm{dB})$$
$$A_p=10\lg|A_p|\,(\mathrm{dB})$$

（2）输入电阻 R_i

输入电阻就是向放大电路输入端看进去的等效电阻，它定义为输入电压 u_i与输入电流 i_i的比值。

$$R_i=\frac{u_i}{i_i}=\frac{U_i}{I_i}$$

放大器相对于信号源而言，等效于一个阻值为 R_i的负载。R_i值越大，放大器从信号源索取的电流就越小，对信号源的影响就越小。

（3）输出电阻 R_o

输出电阻就是向放大电路输出端看进去的等效电阻，放大器相对于负载 R_L而言等效于一个电压源，输出电阻 R_o就是这个等效电压源的内阻。R_o值越小，放大器本身的消耗越小，即接上负载后的输出电压下降越小，说明放大器带负载能力越强。

在求输出电阻时，如图 2-14 所示，可先将信号源短路（$u_S=0$，内阻 R_S保留），再将 R_L开路，然后在输出端加一交流电压 u，若 u 引起输出端的电流为 i，则

$$R_o=\frac{u}{i}$$

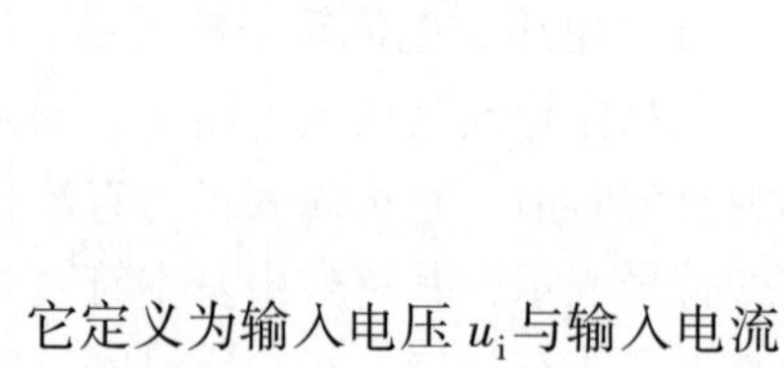

图 2-14　求放大电路输出电阻示意图

（4）通频带 BW

任何一个放大器都不可能对所有频率的信号实现均等放大。当输入信号的频率改变时，放大电路的增益也会发生变化。一般情况下，放大器都只能对一定频率范围内的信号进行放大，信号的频率太高或太低时，放大器的增益会大幅度下降，如图2-15所示。把电压增益变化量不超过最大值 A_m 的0.707倍的频率范围定义为放大器的通频带，常用 BW 表示。

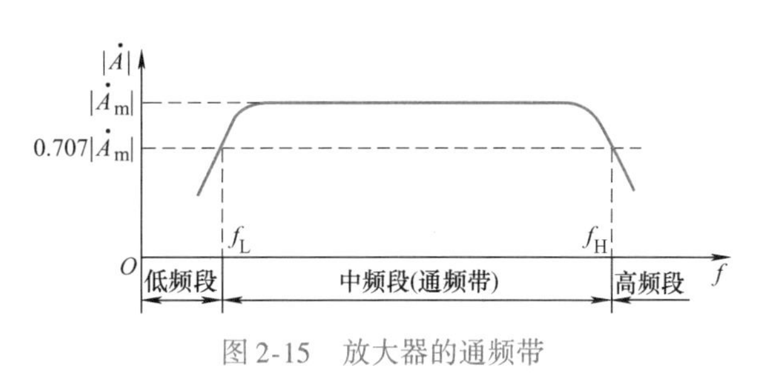

图2-15 放大器的通频带

$$BW = f_H - f_L \tag{2-7}$$

式中，f_H 称为上限截止频率，f_L 称为下限截止频率。

在通频带内，放大器的放大倍数看作是 A_{uo}。通频带越宽，放大器对信号频率的适应能力越强。

（5）非线性失真

由于晶体管输入、输出特性的非线性，放大器输出信号与输入信号比较时，在波形上总存在一定程度的畸变，这就是非线性失真。一个电路非线性失真的大小，常用非线性失真系数来衡量，即输出信号中谐波电压幅度与基波电压幅度的百分比。显然非线性失真系数的值越小，电路的性能越好。

2.2.2 电路组成与工作原理

1. 电路组成

共射固定偏置基本放大电路如图2-16所示。

图2-16中，VT是NPN型晶体管，起电流放大作用，是整个电路的核心器件；集电极电源 U_{CC} 的作用是通过基极偏置电阻 R_B 和集电极电阻 R_C，保证晶体管实现发射结正偏、集电结反偏的放大条件（在 $R_C << R_B$ 的条件下）；若该管改成PNP型，则集电极电源 U_{CC} 的极性应与图中相反。基极偏置电阻 R_B 的作用是与电源 U_{CC} 一起保证发射结正偏并给基极提供合适的偏置电流 I_B；集电极电阻 R_C 的作用是与电源 U_{CC} 一起保证集电结反偏并将集电极电流的变化转成电压输出（若 $R_C = 0$，则集电极的电压恒等于 U_{CC}，输出电压变化量为零，电路失去电压放大作用）；输入电容 C_1 和输出电容 C_2 的作用是传送交流信号、隔离直流信号，容量应选择足够大，通常选电解电容。符号⊥表示公共接地端，即为参考零电位。

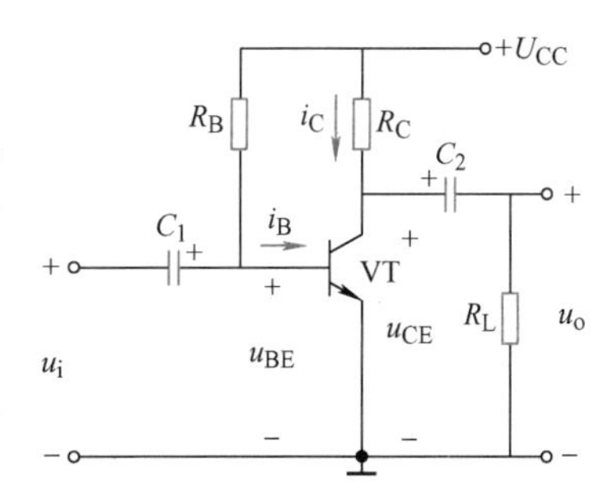

图2-16 共射固定偏置基本放大电路

2. 工作原理

交流信号 u_i 从基极输入，由于晶体管电路从输入端看进去等效于一个电阻，因此产生

基极变化电流 i_b。由于晶体管处于放大状态，所以集电极电流的变化是基极电流变化的 β 倍（$i_c=\beta i_b$），再利用集电极电阻 R_C 将电流放大转成放大了的电压输出。

由于放大电路的一个重要特点是交、直流并存，而静态分析的对象是直流量，动态分析的对象是交流量，下面分别进行静态分析和动态分析。

2.2.3 电路静态分析

2.2.3 电路静态分析

1. 直流通路

未加输入信号（即 $u_i=0V$）时放大电路的工作状态叫作静态。此时，晶体管各引脚的电压、电流值就是静态值，对应特性曲线上确定的点叫作静态工作点，用下脚标 Q 表示（也称为 Q 点）。即静态工作点一般指静态时的基极偏置电流 I_{BQ}、集电极电流 I_{CQ}、基极与发射极之间的电压 U_{BEQ} 和集电极与发射极之间的电压 U_{CEQ}，这些值都是确定的直流量。

静态情况下放大电路各电流的通路称为放大电路的直流通路，它的画法是：大电容看成开路，大电感看成短路，图 2-16 电路对应的直流通路如图 2-17 所示。

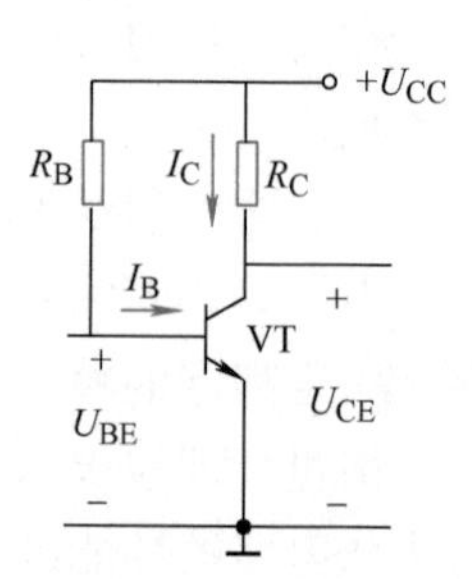

图 2-17　直流通路

2. Q 点的计算

根据直流通路可对放大电路的静态点进行估算：

$$I_{BQ}=\frac{U_{CC}-U_{BEQ}}{R_B}\approx\frac{U_{CC}}{R_B} \tag{2-8}$$

$$I_{CQ}=\beta I_{BQ} \tag{2-9}$$

$$U_{CEQ}=U_{CC}-I_{CQ}R_C \tag{2-10}$$

可见，这个电路的偏流 I_B 取决于 U_{CC} 与 R_B 的大小，当 U_{CC} 一定时，偏流 I_B 由 R_B 决定；当 U_{CC} 和 R_B 都一定时，偏流 I_B 就固定了。因此，这种电路称为固定偏流电路，也叫固定偏置电路，R_B 称为基极偏置电阻。

由于小信号放大电路中 u_{BE} 变化不大，所以可以认为是已知的。硅管的 $|u_{BE}|\approx0.7V$，锗管的 $|u_{BE}|\approx0.3V$。

2.2.4 电路动态分析

1. 交流通路

有输入信号作用时，放大电路中的电流和电压的大小随输入信号做相应变化，称放大电路处于交流工作状态或动态。把电路在只考虑交流信号时所形成的电流通路称为交流通路。它的画法是：将大电容看成短路（因大电容容抗很小），大电感看成开路（因大电感感抗很大），直流电源看成短路（因其电压变化量为零），图 2-16 电路对应的交流通路如图 2-18 所示。

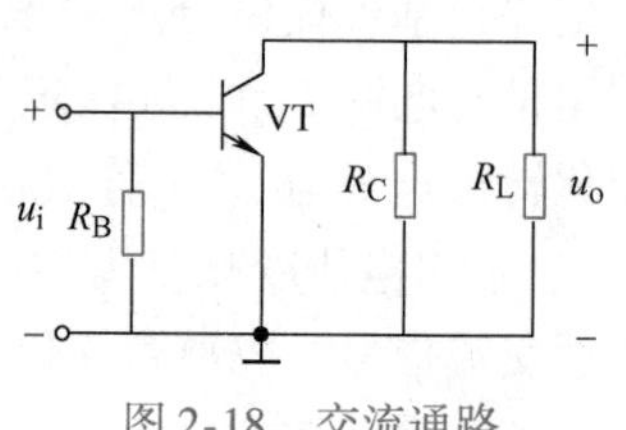

图 2-18　交流通路

2. 微变等效电路

微变是指微小变化的信号，即小信号。晶体管放大器是非线性电路，但在低频小信号的条件下，工作在放大区的晶体管的电压、电流变化很小，晶体管在工作点附近的特性可近似看成线性的。这时具有非线性的晶体管可用一线性电路来代替，并称为微变等效电路，则整个放大电路就变成一个线性电路，利用线性电路的分析方法，便可对放大电路进行动态分析，求出它的主要性能指标。

（1）晶体管的微变等效电路

如图 2-19a 所示，工作在放大区的共射接法的晶体管，其输入电流 i_b 主要取决于输入电压 u_{be}，所以从输入端 b、e 极看进去，晶体管可以等效成一个电阻 r_{be}，$r_{be}=u_{be}/i_b$。其输出电流 i_c 主要取决于 i_b，而与输出电压 u_{ce} 基本无关，所以从输出端 c、e 看进去，晶体管可以等效成一个受控电流源 i_c（$i_c=\beta i_b$）。根据上述分析，可以画出图 2-19b 所示的晶体管的微变等效电路（这里忽略 u_{ce} 对 i_c 的影响）。

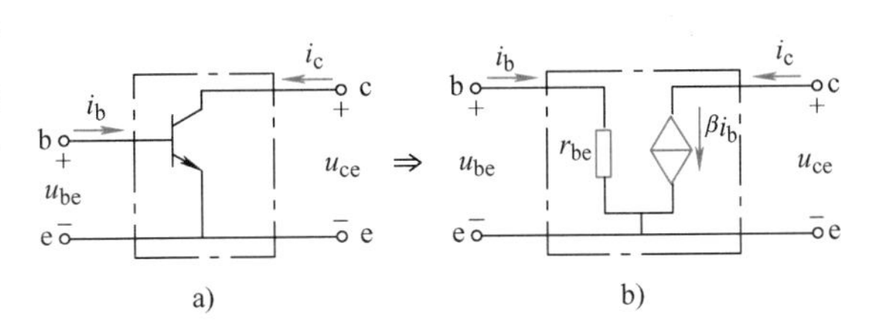

图 2-19　晶体管微变等效电路

a）共射接法的晶体管　b）晶体管的微变等效电路

注意：

1）βi_b 不是真实存在的独立电流源，而是从电路分析的角度虚拟出来的，它反映晶体管的电流控制作用。电流源 βi_b 的流向必须与 i_b 的流向相对应。

2）等效电路的对象是变化量，只能解决交流分量的分析和计算问题。

3）上述分析忽略了 PN 结的结电容，因此微变等效电路仅限于低频时使用。

（2）r_{be} 的计算

对于一般的低频小功率晶体管，r_{be} 可以由下面公式来估算，其中的 $r_{bb'}$ 是晶体管基区体电阻，I_{EQ} 是晶体管静态时的发射极电流，I_{BQ} 是晶体管静态时的基极电流。

$$r_{be}=r_{bb'}+(1+\beta)\frac{26(\text{mV})}{I_{EQ}(\text{mA})}\approx 300+(1+\beta)\frac{26(\text{mV})}{I_{EQ}(\text{mA})}=300+\frac{26(\text{mV})}{I_{BQ}(\text{mA})} \tag{2-11}$$

（3）放大电路的微变等效电路

在交流通路中，晶体管用其微变等效电路来代替，就得到放大电路的微变等效电路。

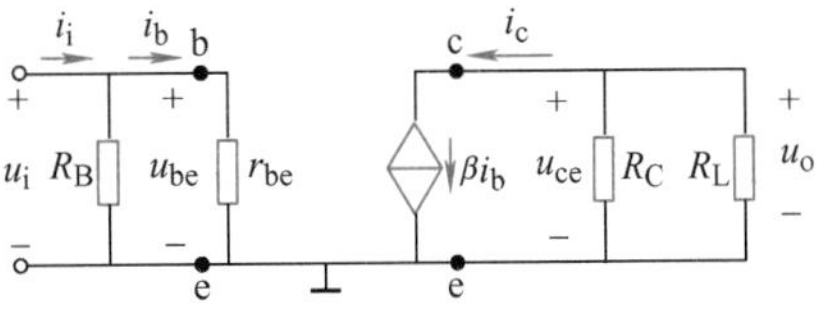

图 2-20　基本放大电路的微变等效电路

3. 性能指标的估算

（1）电压放大倍数 A_u

由图 2-20 所示基本放大器的微变等效电路可得

$$u_o=-i_c(R_C /\!/ R_L)=-i_cR_L'=-\beta i_bR_L' \tag{2-12}$$

式中，$R_L'=R_C /\!/ R_L$，称为放大器的交流负载电阻。

$$u_i=i_br_{be} \tag{2-13}$$

所以

$$A_u = \frac{u_o}{u_i} = \frac{-\beta i_b R'_L}{i_b r_{be}} = -\frac{\beta R'_L}{r_{be}} \tag{2-14}$$

式中，负号表示输出电压与输入电压反相。

（2）输入电阻 R_i

由图 2-21 得 $u_i = i_i(R_B // r_{be})$，考虑到 $R_B >> r_{be}$，所以输入电阻

$$R_i = \frac{u_i}{i_i} = R_B // r_{be} \approx r_{be} \tag{2-15}$$

（3）输出电阻 R_o

根据输出电阻的求法，在微变等效电路中，$u_i = 0$，R_L 去掉，并在输出端加一信号电压 u，u 引起输出端的电流为 i，如图 2-21 所示。由该图可以看出，由于 $u_i = 0$，则 $i_b = 0$，因此 $i_c = \beta i_b = 0$。受控电流源相当于开路，于是 $u = iR_C$，则

$$R_o = \frac{u}{i} = R_C \tag{2-16}$$

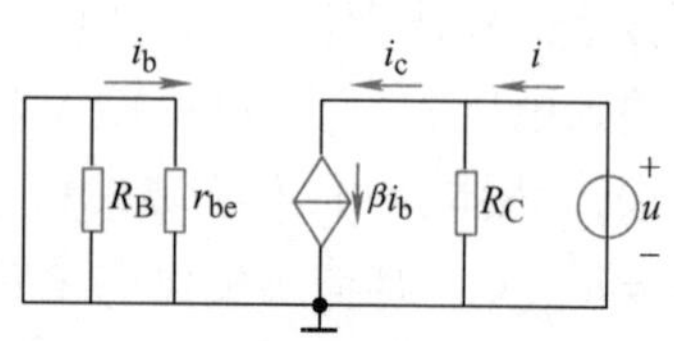

图 2-21　求输出电阻的等效电路

4. 静态工作点对波形的影响

（1）交流负载线

如图 2-18 所示交流通路，集电极电流 i_c 流过 R_C 与 R_L 并联后的等效电阻 R'_L，即 $R'_L = R_C // R_L$。显然，R'_L 为输出回路中交流通路的负载电阻，因此称为放大电路的交流负载电阻。由图可得 $u_{ce} = -i_c R'_L$，而 $u_{ce} = u_{CE} - U_{CE}$，$i_c = i_C - I_C$，于是有

$$u_{CE} = -i_C \times R'_L \tag{2-17}$$

上式表明，动态时 i_C 与 u_{CE} 的关系为一直线，这条直线通过工作点 $Q(U_{CEQ}, I_{CQ})$。该直线称为交流负载线，如图 2-22 所示的直线部分。

在输入信号 u_i 的作用下，i_B、i_C 和 u_{CE} 都随着 u_i 而变化，此时工作点 Q 将沿着交流负载线移动，称为动态工作点，所以交流负载线是动态工作点移动的轨迹，它反映了交、直流共存的情况。

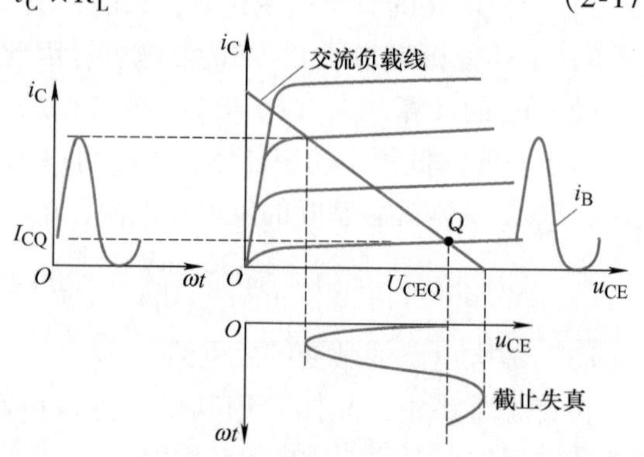

图 2-22　静态工作点太低对波形的影响（截止失真）

（2）静态工作点对波形的影响

放大电路中放大的对象是交流信号，但它只有叠加在一定的直流分量基础上才能正常放大，否则，若静态工作点位置不合适，输出信号的波形将产生失真。

若工作点太低，如图 2-22 所示，由于接近截止区，信号幅度相对比较大时，输入电压负半周的一部分使动态工作点进入截止区，于是，集电极电流的负半周和输出电压的正半周被削去相应部分，如图中 i_C 和 u_{CE} 所示。这种由于工作点偏低使晶体管在部分时间内截止而引起的失真，称为截止失真。

若工作点太高，如图2-23所示，由于接近饱和区，信号幅度相对比较大时，输入电压正半周的一部分使动态工作点进入饱和区，于是，集电极电流的正半周和输出电压的负半周被削去相应部分，如图中 i_C 和 u_{CE} 所示。这种由于工作点偏高使晶体管在部分时间内饱和而引起的失真，称为饱和失真。

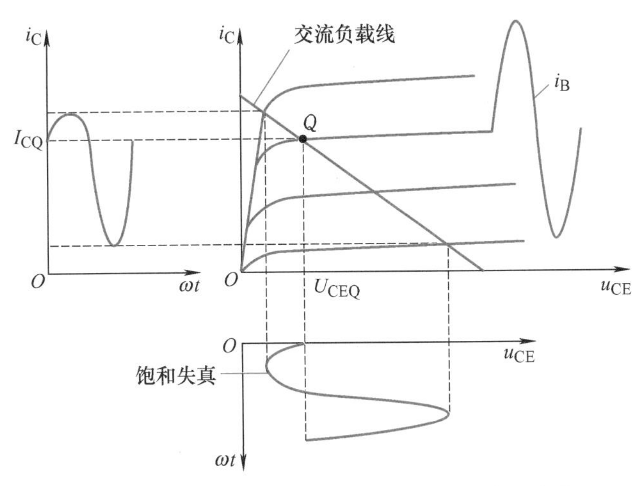

图2-23　静态工作点太高对波形的影响（饱和失真）

截止失真和饱和失真统称为平顶失真，它们都是放大电路工作在晶体管特性曲线的非线性区域而引起的，所以都是非线性失真。虽然由于晶体管特性的非线性，失真的产生是不可避免的，但通常只要不出现平顶失真就看成基本不失真。为了避免产生平顶失真，工作点 Q 应选在正弦信号全周期内，晶体管均工作在放大区，在满足不失真的前提下，Q 点越低越好，因为此时对应静态损耗的功率越小。

【例2-3】　电路如图2-24a所示，晶体管VT的 $U_{BE}=0.7V$，$\beta=50$，$r_{bb'}=100\Omega$，$R_B=510k\Omega$，$R_C=4k\Omega$，$R_E=1k\Omega$，$R_L=4k\Omega$，$U_{CC}=12V$，求：1）静态工作点；2）电压放大倍数 A_u、输入电阻 R_i 和输出电阻 R_o。

解： 1）用近似法求静态工作点。

由于电路简单，所以直接在原理图上计算。在直流的基极回路上列方程得

$$I_{BQ}R_B+U_{BEQ}+I_{EQ}R_E=U_{CC}$$

又 $I_{EQ}=(1+\beta)I_{BQ}$，代入上式可得

$$I_{BQ}=\frac{U_{CC}-U_{BEQ}}{R_B+(1+\beta)R_E}=\frac{12-0.7}{510+51\times1}\text{mA}\approx20\times10^{-3}\text{mA}=20\mu\text{A}$$

所以有

$$I_{CQ}=\beta I_{BQ}=50\times20\mu\text{A}=1\text{mA}$$

在直流的集电极回路上列方程得

$$I_{CQ}R_C+U_{CEQ}+I_{EQ}R_E=U_{CC}$$

又 $I_{CQ}\approx I_{EQ}$，则

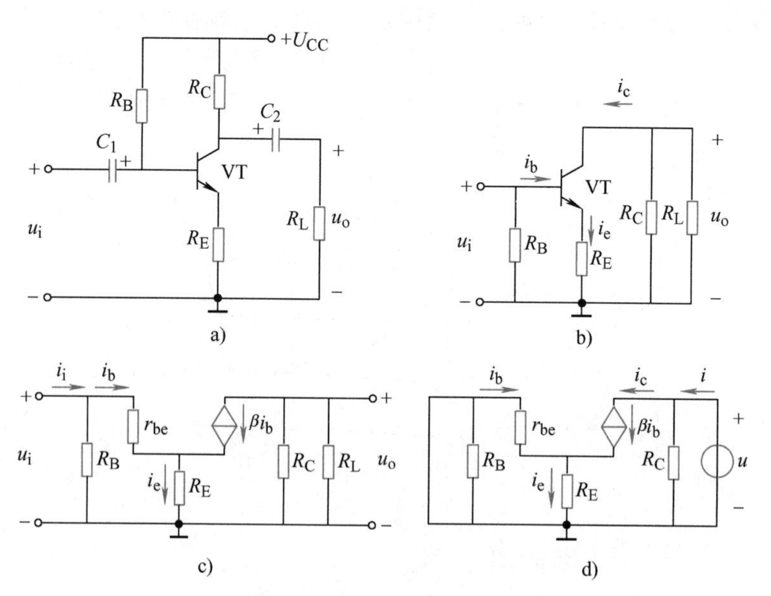

图 2-24　例 2-3 电路

a）原理图　b）交流通路　c）微变等效电路　d）求输出电阻的等效电路

$$U_{CEQ} \approx U_{CC} - I_{CQ}(R_C + R_E) = 12V - 1 \times (4+1)V = 7V$$

2）画出放大电路的交流通路和微变等效电路如图 2-24b、c 所示。

$$r_{be} = r_{bb'} + \frac{26}{I_{BQ}} = 100\Omega + \frac{26}{20 \times 10^{-3}}\Omega = 1400\Omega = 1.4k\Omega$$

由图 2-24c 得

$$u_i = i_b r_{be} + i_e R_E = i_b[r_{be} + (1+\beta)R_E]$$

$$u_o = -i_c(R_C /\!/ R_L) = -\beta R'_L i_b$$

式中，$R'_L = R_C /\!/ R_L$，所以

$$A_u = \frac{u_o}{u_i} = \frac{-\beta R'_L}{r_{be} + (1+\beta)R_E} = \frac{-50 \times 2}{1.4 + 51 \times 1} \approx -1.9$$

又

$$R'_i = \frac{u_i}{i_b} = r_{be} + (1+\beta)R_E = (1.4 + 51 \times 1)k\Omega = 52.4k\Omega$$

所以

$$R_i = R_B /\!/ R'_i = R_B /\!/ [r_{be} + (1+\beta)R_E] = \frac{510 \times 52.4}{510 + 52.4}k\Omega \approx 47.5k\Omega$$

求 R_o 的等效电路如图 2-24d 所示。由图可得 $i_b r_{be} + i_e R_E = 0$，即

$$i_b[r_{be} + (1+\beta)R_E] = 0$$

所以

$$i_b = 0,\ i_c = \beta i_b = 0$$

则

$$R_o = \frac{u}{i} = R_C = 4k\Omega$$

【例 2-4】　在图 2-16 所示的固定偏置电路中，若 $U_{CC} = 9V$，$R_B = 150k\Omega$，$R_C = 2k\Omega$，晶体管的 $U_{BE} = 0.7V$，$U_{CE(sat)} = 0.3V$，$\beta = 50$。1）确定静态工作点；2）若 β 更换为 100 的晶体管，其他参数不变，确定此时的静态工作点。

解：1）$I_{BQ}=\dfrac{U_{CC}-U_{BEQ}}{R_B}=\dfrac{9-0.7}{150}\text{mA}\approx 55\times 10^{-3}\text{mA}=55\mu\text{A}$

$$I_{CQ}=\beta I_{BQ}=50\times 55\mu\text{A}=2.75\text{mA}$$

$$U_{CEQ}=U_{CC}-I_{CQ}R_C=(9-2.75\times 2)\text{V}=3.5\text{V}$$

2）当$\beta=100$时，同上面的方法，计算结果为$I_{BQ}=55\mu\text{A}$，$I_{CQ}=5.5\text{mA}$，$U_{CEQ}=-2\text{V}$，可是实际中U_{CE}不可能小于零，所以这里计算有问题，因为$I_{CQ}=\beta I_{BQ}$是晶体管工作在放大区时才成立的，这里U_{CE}出现小于零，所以晶体管并没有工作在放大区，而$I_{BQ}>0$，所以晶体管也不是在截止区，则晶体管工作在饱和区。所以$U_{CEQ}=U_{CE(sat)}=0.3\text{V}$，则$I_{CQ}=\dfrac{U_{CC}-U_{CE(sat)}}{R_C}=\dfrac{9-0.3}{2}\text{mA}=4.35\text{mA}$。

可见，当晶体管变化时，静态工作点发生了变化，为了使静态工作点稳定，可以采用2.3节介绍的分压偏置基本放大电路。

❖ 实操训练

1. 明确任务

1）仪器和器材（查学习工作页）。

2）技能训练电路图（查学习工作页）。

3）内容和步骤（查学习工作页）。

2. 电路的制作

本电路将在面包板上完成连接或万能板上焊接。

3. 电路调试

1）对照电路原理图检查各元器件安装是否正确，检查元器件的连接极性及电路连线，然后接通电源进行调试。

2）接通电源，观察电路输出端电压的变化。

4. 职业素养培养

1）完成工作任务的过程中，所有操作都应符合安全操作规程：仪器、仪表使用规范、安全。

2）工具摆放整齐，符合职业岗位要求；使用规范、符合安全要求。

3）搭建电路的模块布局合理，不产生干扰，不存在安全隐患。

4）包装物品、导线线头等的处理符合职业岗位的要求，保持工位的整洁。

5）遵守纪律，尊重团队成员，爱惜实验室的设备和器材。

5. 评价

任务评价主要采用过程评价，以自评、互评和教师评价相结合的方式进行。

❖ 课后习题

1. 判断图2-25中的电路是否具有电压放大作用。

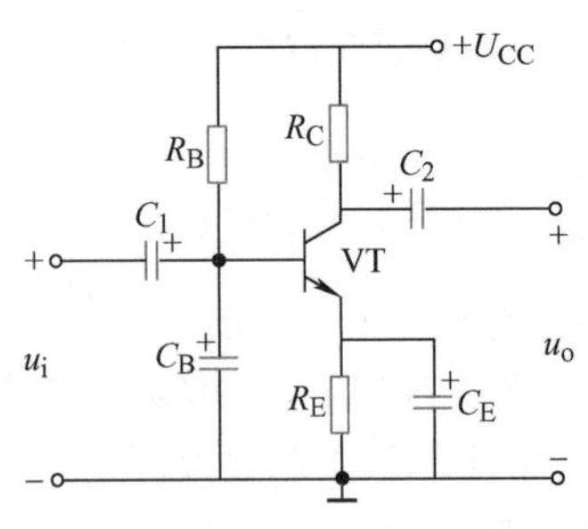

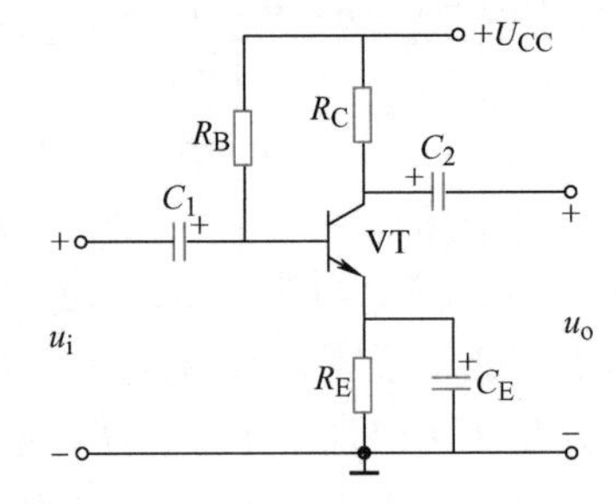

图 2-25 习题 1 电路图

2. 放大器在接上负载后，它的放大倍数会如何改变？

3. 某放大电路不带负载时，测得输出电压为 1.5V，而带上负载 $R_L = 6.8k\Omega$ 后（输入信号不变）输出电压变为 1V，求输出电阻 R_o。又若 $R_o = 600\Omega$，空载时输出电压为 2V，问接上负载 $R_L = 2.4k\Omega$ 后，输出电压将为多少（输入信号不变）？

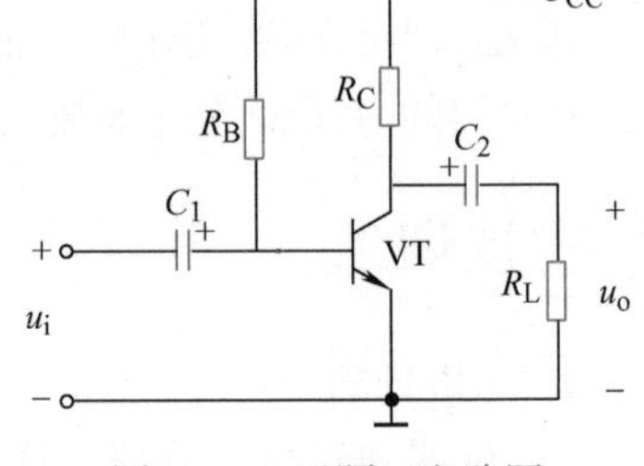

图 2-26 习题 4 电路图

4. 电路如图 2-26 所示，试判断下列说法是否正确。

1）用直流表测得 $U_{CE} = 8V$，$U_{BE} = 0.7V$，$I_B = 20\mu A$，$A_u = 8/0.7 \approx 11.4$。

2）若输入电压有效值为 20mV，则输入电阻 $R_i = 20mV/20\mu A = 1k\Omega$。

3）若 $R_C = R_L = 4k\Omega$，则输出电阻 $R_o = 4 /\!/ 4k\Omega = 2k\Omega$。

5. 如图 2-26 所示，晶体管 $U_{BE} = 0.7V$，$r_{bb'} = 100\Omega$，$\beta = 50$，$R_B = 560k\Omega$，$R_C = R_L = 4k\Omega$，$U_{CC} = 12V$。

1）画直流通路，确定静态工作点。

2）画交流通路和微变等效电路，求 A_u、R_i 和 R_o。

6. 如图 2-27 所示，晶体管 $U_{BE} = 0.7V$，$r_{bb'} = 80\Omega$，$\beta = 50$，$R_B = 820k\Omega$，$R_{C1} = R_{C2} = 6k\Omega$，$R_L = 3k\Omega$，$R_E = 1k\Omega$，$U_{CC} = 18V$，电容都看成交流短路。

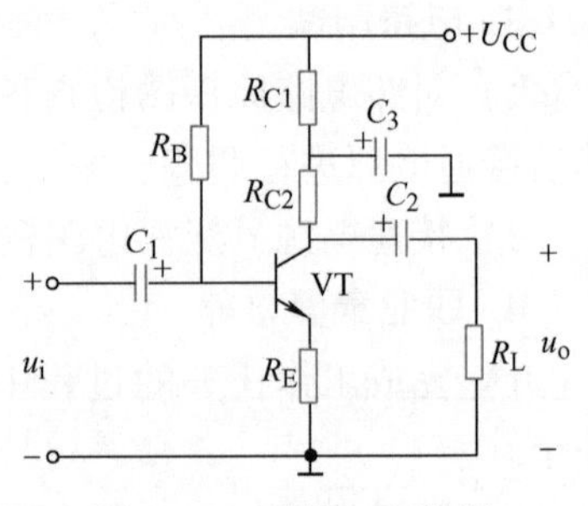

图 2-27 习题 6 电路图

1）画直流通路，确定静态工作点。

2）画交流通路和微变等效电路，求 A_u、R_i 和 R_o。

任务 2.3 共射分压偏置基本放大电路调试

为了稳定静态工作点，最简单的办法就是保证环境温度不变，但这个办法代价太高，所以很少用。一般是对电路进行改进，分压式偏置电路就具有稳定工作点的作用。

❖ 知识链接

2.3.1　共射分压偏置放大电路绘图方法

2.3.1　电路组成与工作原理

共射分压偏置基本放大电路如图 2-28 所示。

图中，R_{B1}、R_{B2}分别称为上偏置电阻和下偏置电阻，其作用是使基极电位稳定。R_E、C_E是发射极电阻与电容，引入直流负反馈，稳定 I_{CQ}（将在 2.3.2 节的“静态分析”中说明）。其他元器件的作用与共射固定偏置放大器的一致。

2.3.2　电路静态与动态分析

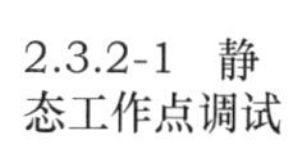

1. 静态分析

（1）直流通路

图 2-28 中，将电容 C_1、C_2、C_E看成开路，其他部分保持不变，就得到该放大器的直流通路，如图 2-29 所示。

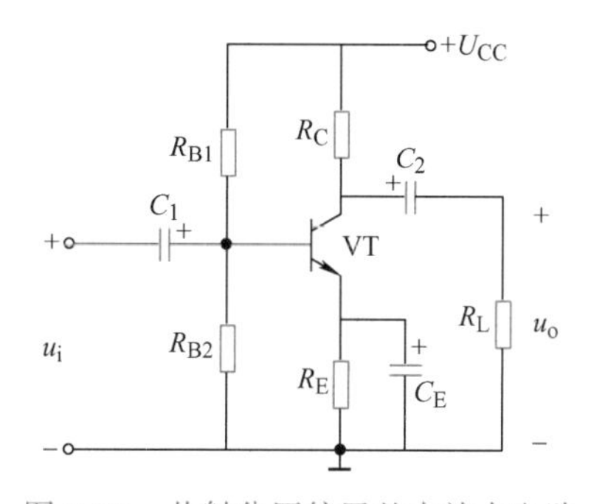

图 2-28　共射分压偏置基本放大电路

图 2-29　直流通路

（2）Q 点的计算

根据直流通路可对放大电路的静态进行估算。

选择合适的 R_{B1}、R_{B2}，使 $I_{BQ} << I_1$，则

$$U_{BQ} \approx \frac{R_{B2}}{R_{B1}+R_{B2}} U_{CC} \tag{2-18}$$

该电路的基极偏置回路为 U_{BQ}→基极→发射极→R_E→地，即

$$U_{BQ} = I_{EQ} R_E + U_{BEQ} \tag{2-19}$$

则

$$I_{CQ} \approx I_{EQ} = \frac{U_{BQ} - U_{BEQ}}{R_E} \tag{2-20}$$

$$I_{BQ} = \frac{I_{CQ}}{\beta} \tag{2-21}$$

该电路的集电极输出直流通路为 U_{CC}→R_C→集电极→发射极→R_E→地，即

$$U_{CC}=I_{CQ}R_C+U_{CEQ}+I_{EQ}R_E \tag{2-22}$$

则

$$U_{CEQ}=U_{CC}-I_{CQ}R_C-I_{EQ}R_E\approx U_{CC}-I_{CQ}(R_C+R_E) \tag{2-23}$$

（3）稳定静态工作点原理

影响静态工作点的因素很多，最主要的是环境温度变化的影响。如果温度升高使 I_C 增大，则 I_E 也增大，发射极电位 $U_E=I_ER_E$ 升高。又因为 $U_{BE}=U_B-U_E$，如前所述，U_B 基本不变，则 U_{BE} 减小，I_B 也减小，于是限制了 I_C 的增大，最终结果使 I_C 基本不变。上述稳定过程为

$$\text{温度}\uparrow\rightarrow I_C\uparrow\rightarrow I_E\uparrow\rightarrow U_E=I_ER_E\uparrow\rightarrow U_{BE}\downarrow\rightarrow I_B\downarrow\rightarrow I_C\downarrow$$

这样，温度升高引起的增大，将被电路自身调节造成的减小所牵制，最终使 I_C 基本不变，达到稳定静态工作点的目的。

2. 动态分析

（1）交流通路和微变等效电路

图 2-28 中，将电容 C_1、C_2、C_E 看成短路，直流电源 U_{CC} 看成短路接地，其他部分保持不变，就得到该放大器的交流通路，如图 2-30 所示。在交流通路中，晶体管用晶体管的微变等效代替就得到该电路的微变等效电路，如图 2-31 所示。

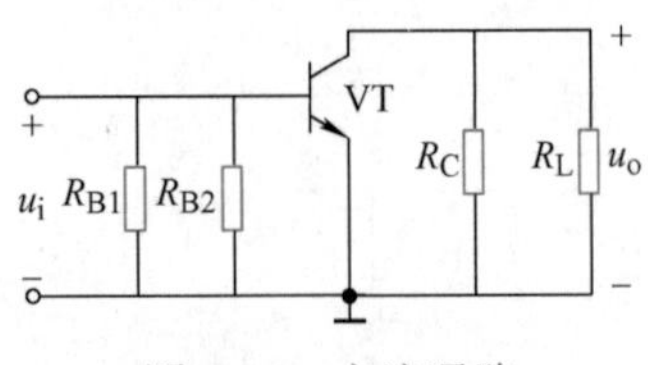

图 2-30　交流通路

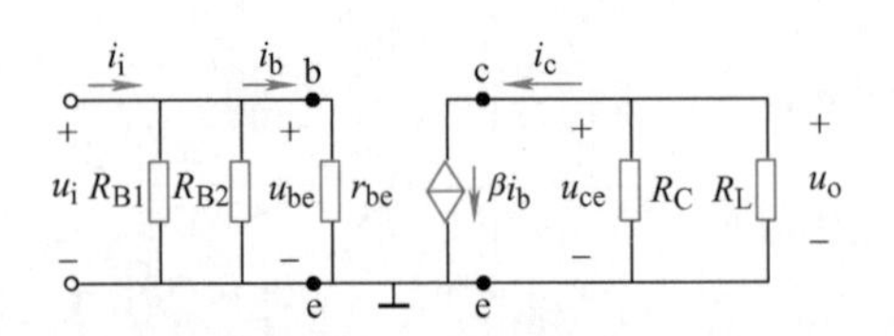

图 2-31　微变等效电路

（2）性能指标的估算

1）电压放大倍数 A_u

由图 2-32 所示的微变等效电路可得

$$u_o=-i_c(R_C /\!/ R_L)=-i_cR'_L=-\beta i_bR'_L \tag{2-24}$$

式中，$R'_L=R_C /\!/ R_L$。

$$u_i=i_br_{be} \tag{2-25}$$

所以

$$A_u=\frac{u_o}{u_i}=\frac{-\beta i_bR'_L}{i_br_{be}}=-\frac{\beta R'_L}{r_{be}} \tag{2-26}$$

式中，负号表示输出电压与输入电压反相。

2）输入电阻 R_i

由图得 $u_i=i_i(R_{B1} /\!/ R_{B2} /\!/ r_{be})$，考虑到 $R_{B1} /\!/ R_{B2} >> r_{be}$，所以输入电阻

$$R_i=\frac{u_i}{i_i}=R_{B1} /\!/ R_{B2} /\!/ r_{be}\approx r_{be} \tag{2-27}$$

3）输出电阻 R_o

方法同共射固定偏置放大电路，可以求得

$$R_o = R_c \tag{2-28}$$

（3）无发射极旁路电容 C_E时的动态分析

当 R_E不并联 C_E时，画出其微变等效电路如图 2-32 所示，图中 $R_B = R_{B1} /\!/ R_{B2}$。显然，它与【例 2-3】的电路形式相同，所以可以直接引用该例题的结果，即

$$A_u = \frac{u_o}{u_i} = \frac{-\beta R_L'}{r_{be} + (1+\beta) R_E} \tag{2-29}$$

$$R_i = R_B /\!/ R_i' = R_{B1} /\!/ R_{B2} /\!/ [r_{be} + (1+\beta) R_E] \tag{2-30}$$

$$R_o = R_C \tag{2-31}$$

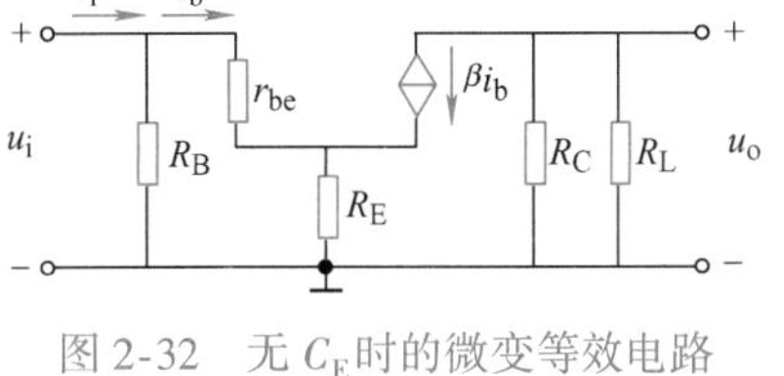

图 2-32　无 C_E时的微变等效电路

❖ 实操训练

1. 明确任务

1）仪器和器材（查学习工作页）。

2）技能训练电路图（查学习工作页）。

3）内容和步骤（查学习工作页）。

2. 电路的制作

本电路将在面包板上完成连接或万能板上焊接。

3. 电路调试

1）对照电路原理图检查各元器件安装是否正确，检查元器件的连接极性及电路连线，然后接通电源进行调试。

2）根据任务单完成电路的调测，流程如下。

静态工作点设置完成后，保持不变。

动态调测 {电压放大倍数 A_u测试。
输入电阻 R_i的测试。
输出电阻 R_o的测试。}

改变静态工作点，观察对放大电路影响。

实操训练　电压放大倍数测量和失真波形观察

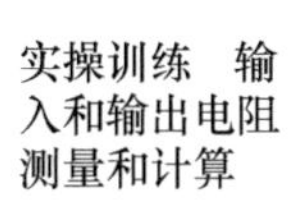

4. 职业素养培养

1）完成工作任务的过程中，所有操作都应符合安全操作规程；仪器、仪表使用规范、安全。

2）工具摆放整齐，符合职业岗位要求；使用规范，符合安全要求。

3）搭建电路的模块布局合理，不产生干扰，不存在安全隐患。

4）包装物品、导线线头等的处理符合职业岗位的要求，保持工位的整洁。

5）遵守纪律，尊重团队成员，爱惜实验室的设备和器材。

5. 评价

任务评价主要采用过程评价，以自评、互评和教师评价相结合的方式进行。

❖ 课后习题

1. 如图2-28所示，晶体管 $U_{BE}=0.7V$，$r_{bb'}=200\Omega$，$\beta=66$，$R_{B1}=33k\Omega$，$R_{B2}=10k\Omega$，$R_C=3.3k\Omega$，$R_E=1.5k\Omega$，$R_L=5.1k\Omega$，$U_{CC}=24V$，电容都看成交流短路。

1）画直流通路，确定静态工作点。

2）画交流通路和微变等效电路，求 A_u、R_i和 R_o。

3）若将发射极旁路电容 C_E去掉，静态工作点有无变化？电压放大倍数有无变化？

2. 如图2-33所示，若晶体管 $U_{BE}=0.7V$，$\beta=50$，$r_{bb'}$可忽略，$R_{B1}=47k\Omega$，$R_{B2}=15k\Omega$，$R_C=3k\Omega$，$R_{E1}=0.5k\Omega$，$R_{E2}=1.5k\Omega$，$R_L=3k\Omega$，$U_{CC}=12V$。

1）画直流通路，确定静态工作点。

2）画交流通路，求 A_u、R_i和 R_o

3. 如图2-34所示，若晶体管 $U_{BE}=-0.3V$，$\beta=50$，$r_{bb'}=200\Omega$，$R_{B1}=33k\Omega$，$R_{B2}=10k\Omega$，$R_C=3.3k\Omega$，$R_{E1}=200\Omega$，$R_{E2}=1.3k\Omega$，$R_L=5.1k\Omega$，$-U_{CC}=-12V$。

1）确定静态工作点。

2）画交流通路，求 A_u、R_i和 R_o。

4. 图2-34中，若输出电压出现饱和失真，则说明 Q 点太高还是太低？应该调整哪个元器件参数？如何调整？若 C_3开路，定性分析将引起电路的哪些动态参数发生变化？如何变化？

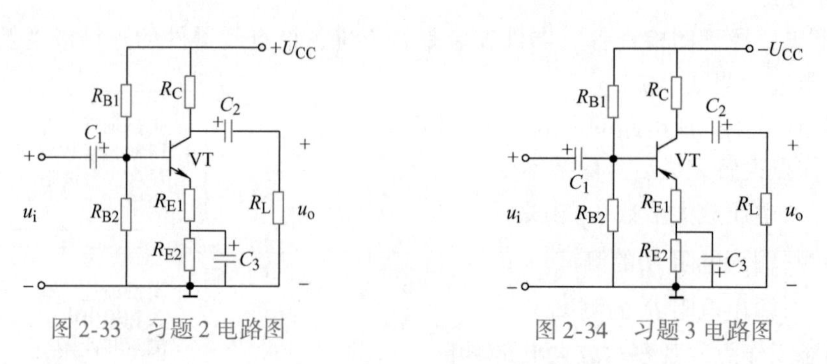

图2-33 习题2电路图　　图2-34 习题3电路图

任务2.4 光控彩灯电路制作与调试

❖ 知识链接

2.4.1 多级放大电路

单级放大器的放大倍数只有几十至一百多。在实际的电子设备中，要求的放大倍数往往比较大，因此，必须将多个单管放大器接在一起，组成多级放大器。

多级放大器的结构框图如图2-35所示，与信号源相接的叫第一级或输入级，与负载相接的叫末级或输出级，其余各级称为中间级。输入级的输入电阻要高，噪声要小，多采用共集电路或场效应晶体管电路；中间级放大倍数要大，常由若干级共射电路组成；输出级要输出一定功率，常由功率放大电路组成。

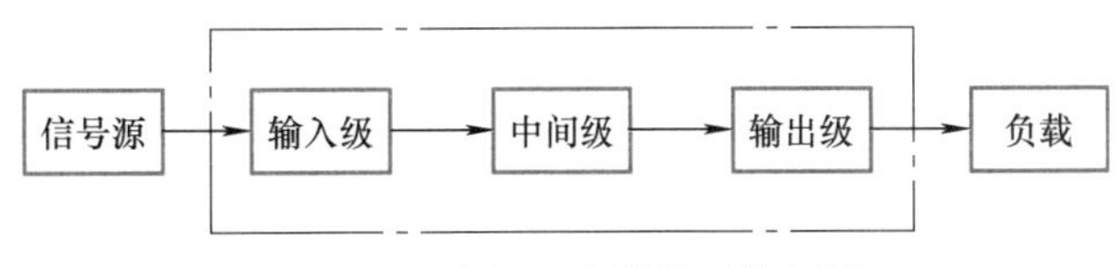

图2-35　多级放大器的结构框图

1. 级间耦合方式

多级放大器中级与级之间、信号源与放大器之间、放大器与负载之间的连接方式称为级间耦合方式（简称耦合方式），各种耦合方式都应该满足各级管子有合适的静态工作点，避免信号失真，前级信号尽可能多地传送到后级，减小信号损失。常用的耦合方式主要有以下三种。

（1）阻容耦合

阻容耦合两级放大器电路如图2-36所示，它是通过电容C和后级的输入电阻实现级间连接，故称为阻容耦合。

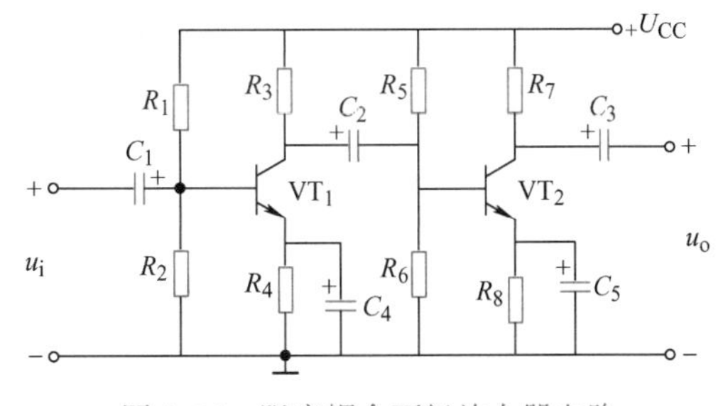

图2-36　阻容耦合两级放大器电路

阻容耦合的特点如下。

1）由于耦合电容的“隔直通交”作用，使阻容耦合的多级放大器的各级静态工作点互相独立，互不影响。

2）由于耦合电容不能传送缓慢变化的信号和直流信号，所以只能用于放大频率不太低的交流信号。

3）工艺上大电容很难集成，所以常用于分立元器件电路中。

（2）变压器耦合

变压器耦合电路是通过变压器实现级间连接的，如图2-37a所示，故称为变压器耦合。

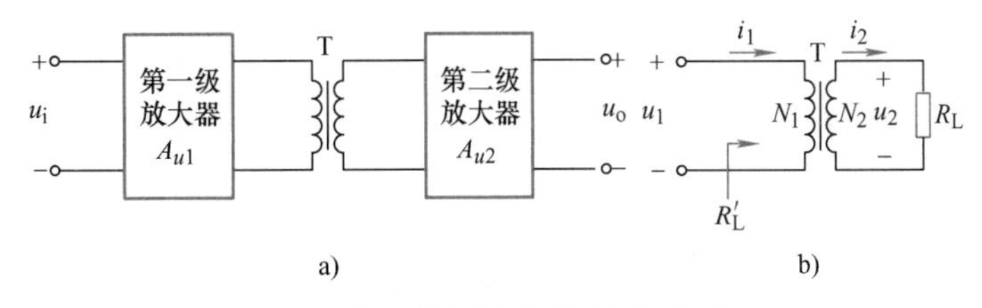

图2-37　变压器耦合两级放大器

a）变压器耦合　b）阻抗变换

变压器耦合的特点如下。

1）由于变压器具有“通交流、隔直流”的作用，使变压器耦合的多级放大器各级静态工作点互相独立。

2）具有阻抗变换作用。在图 2-37b 中，从变压器一次侧看进去的等效交流电阻 $R'_L = n^2R_L$，其中 $n = N_1/N_2$ 为一、二次匝数比。

3）变压器体积大、笨重、价高，高频和低频特性差，而且只能用于放大交流信号。

（3）直接耦合

直接耦合两级放大器电路如图 2-38 所示，级间无连接元器件，故称为直接耦合。

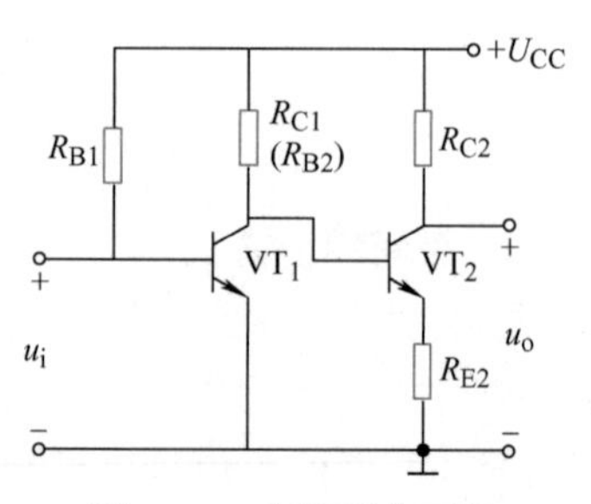

图 2-38　直接耦合两级放大器电路

直接耦合的特点如下。

1）由于电路中无耦合电容和变压器，一般也无旁路电容，因此低频特性好，可以放大缓慢变化的甚至直流信号，又称为直流放大器。

2）由于电路中只有半导体管和电阻，所以便于集成。

3）由于无耦合元器件，使直接耦合多级放大器的各级静态工作点互相影响，需要合理安排各级的直流电平，使它们之间能正确配合。

4）存在零点漂移现象。零点漂移是指在没有输入信号时，由于环境温度变化、电源电压波动等因素的影响，放大器输出端直流电位偏离静态值而出现缓慢变化的现象，简称零漂。因为零漂的影响，放大器输出电压既有有用信号成分，又有漂移电压成分。如果漂移严重，有用信号将被漂移信号“淹没”，电路失去放大能力。由于产生零漂的主要原因是环境温度的变化，所以零漂又称为温漂。

事实上，在阻容耦合电路中也存在零漂，但缓慢变化的漂移电压被隔直电容隔断，不会被逐级放大，所以影响不大。而在直接耦合放大器中，第一级工作点稍有漂移，其输出电压的微小变化将会被后级逐级放大，致使输出端产生较大的漂移电压。因此，直接耦合放大器的第一级零漂影响最为严重。

抑制零漂的方法很多，除有特殊要求时将电路置于恒温装置中外，主要采用差动放大器（将在后面章节介绍）。

2. 多级放大电路的动态分析

在多级放大器中，任何一个放大器对前级而言等效于前级的负载，其阻值为该放大器的输入电阻。对后级而言等效于内阻为该放大器的输出电阻的信号源。下面以三级放大器为例对多级放大器进行动态分析。

（1）电压放大倍数 A_u

如图 2-39 所示，把后级放大器的输入电阻当作是本级放大器的负载后，就可把多级放大器化成单级放大器，从而计算出各级放大器的电压放大倍数、输入电阻和输出电阻。因为后一级的输入是前一级的输出，即 $u_{i2} = u_{o1}$，$u_{i3} = u_{o2}$，所以总的放大倍数为

$$A_u = \frac{u_o}{u_i} = \frac{u_{o3}}{u_{i1}} = \frac{u_{o3}}{u_{i3}} \frac{u_{o2}}{u_{i2}} \frac{u_{o1}}{u_{i1}} = A_{u3} A_{u2} A_{u1} \tag{2-32}$$

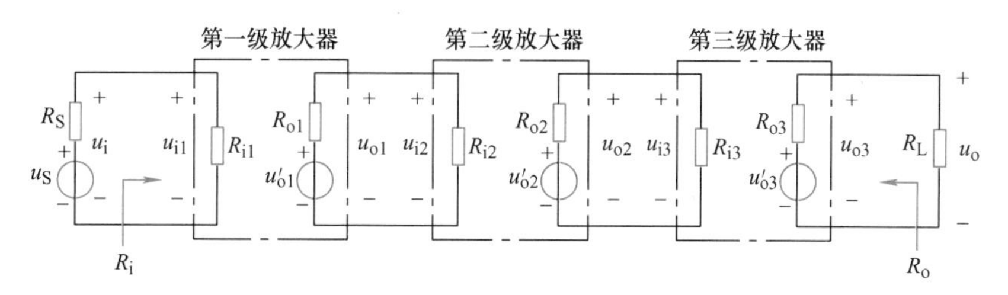

图 2-39 三级放大器的交流等效电路

即多级放大器总的电压放大倍数等于各级电压放大倍数的乘积。

注意：各级电压放大倍数都是在把后级的输入电阻看成前级的负载的情况下求得的，而不是各级空载情况下求出的电压放大倍数。

（2）输入电阻 R_i

多级放大器的输入电阻是从放大器输入端看进去的等效电阻，就等于第一级放大器的输入电阻，即

$$R_i = R_{i1}$$

（3）输出电阻 R_o

多级放大器的输出电阻是从放大器输出端看进去的等效电阻，就等于最后一级放大器的输出电阻，对三级放大器则有

$$R_o = R_{o3}$$

【例 2-6】 如图 2-40 所示，$U_{CC} = 20V$，$\beta_1 = \beta_2 = 60$，$R_{B11} = 100k\Omega$，$R_{B12} = 27k\Omega$，$R_{E1} = 5.1k\Omega$，$R_{C1} = 12k\Omega$，$R_{B21} = 33k\Omega$，$R_{B22} = 8.2k\Omega$，$R_{E2} = 3k\Omega$，$R_{C2} = 3.3k\Omega$，$R_L = 3k\Omega$，$r_{be1} = 2.6k\Omega$，$r_{be2} = 1.7k\Omega$，求放大电路的输入、输出电阻和电压放大倍数。

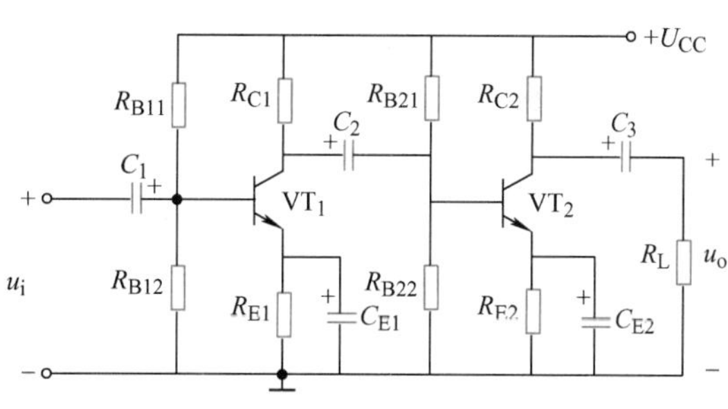

图 2-40 阻容耦合两级放大电路

解： $R_i = R_{i1} = R_{B11} /\!/ R_{B12} /\!/ r_{be1} \approx 2.3k\Omega$

$R_o = R_{o2} = R_{C2} = 3.3k\Omega$

$R_{i2} = R_{B21} /\!/ R_{B22} /\!/ r_{be2} \approx r_{be2} = 1.4k\Omega$

$$A_{u1} = -\beta_1 \frac{R_{C1} /\!/ R_{i2}}{r_{be1}} = -60 \times \frac{12 /\!/ 1.4}{2.6} \approx -29$$

$$A_{u2} = -\beta_2 \frac{R_{C2} /\!/ R_L}{r_{be2}} = -60 \times \frac{3.3 /\!/ 3}{1.7} \approx -55$$

$A_u = A_{u1} \times A_{u2} = (-29) \times (-55) = 1595$

2.4.2 光控彩灯电路工作原理

光控彩灯原理如图 2-41 所示，它由两个晶体管作为核心控制元件。VT_1 为 NPN 管、VT_2 为 PNP 管，根据各自导通特性，它们会同时截止和导通。白天光线较强时，光敏电阻变小，可近似看作基极接地，这样晶体管 VT_1 和 VT_2 都截止，LED_1 和 LED_2 就不会被点亮。来到夜晚，光线较暗时，光敏电阻阻值变大。晶体管 VT_1 和 VT_2 都导通，LED_1 和 LED_2 就都被点亮。还可以通过调节电位器 RP 来调节电路灵敏度。

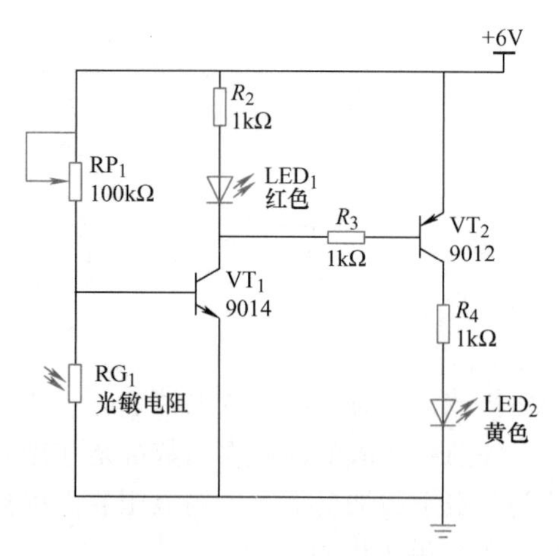

图 2-41 光控彩灯原理图

2.4.3 光控彩灯电路制作

1. 元件识读与检测

关于晶体管的检测与识读，请观看相关微课视频。我们判断出原理图用到的 9012 为 PNP 型，9014 为 NPN 型。将它们平面对着我们，从左至右引脚顺序为 E→B→C。

发光二极管（Light Emitting Diode，LED）工作在正偏状态，管压降为 1.5～2.2V。正向工作电流一般为几毫安至十几毫安，管子的发光强度基本上跟正向电流呈线性关系。外观识读，长引脚是阳极，短引脚是阴极。从内部支架来看，大支架与阴极连，小支架与阳极连。发光二极管具有单向导电性，使用数字万用表二极管档检测时，若表有读数，说明此时红表笔所测端为二极管的阳极，同时发光二极管会发光；若没有读数，则将表笔反过来再测一次；如果两次测量都没有示数，表示此发光二极管已经损坏。

光敏电阻对光线十分敏感，其在无光照时，呈高阻状态，暗电阻一般可达 1.5MΩ。随着光照强度的升高，电阻值迅速降低，亮电阻值可小至 1kΩ 以下。光敏电阻引脚无极性，用万用表测试一下它的暗电阻和亮电阻，能够如前面特性有明显阻值变化即可。

电位器按其作用来看，它就是一个可以调节阻值的电阻，基本单位也是欧姆，用符号 Ω 表示。它有三个脚，两端的两个脚对应的电阻值是固定的，叫标称阻值，中间一个脚可以在电阻上滑动，叫作滑片。通过滑片的滑动，就可以调节滑片与两端的引脚的电阻值了。电位器图形符号如图 2-42 所示。常用的有音箱用的普通电位器、精密电位器、微调电位器。其测量方法需利用万用表的欧姆档在适当量程，首先测量 1 端与 3 端标称值是否准确；然后将红黑表笔分别接电位器滑动端引脚和任一固定端引脚，缓慢匀速旋转电位器旋钮，使其从一端旋向另一端，观察指针变化。若阻值从零欧变化到标称值（或相反），且无跳变或抖动，则说明电位器正常。

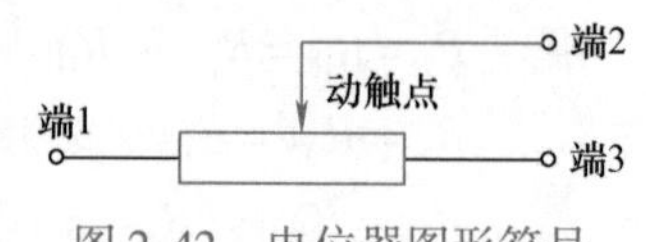

图 2-42 电位器图形符号

色环电阻是应用于各种电子设备最多的电阻类型，为了便于维修者检测和更换，需要根据色环读出其阻值，因此一定要把色环代表的数字背熟。

2. 电路装配

元器件检测完毕，即可根据电路原理图，在万能板上（或面包板上）装配此电路。万能板都是独立的焊盘，所以电路布局简单，完全可根据电路图来布局，注意不要太局促，这样便于后面电路的检测。

因为元器件大小基本一致，根据电路原理图，从左到右，先安装主要的器件，即9014，然后将它的基极上接电位器，下接光敏电阻；射极接地；集电极接红色 LED_1 的阴极和 R_3 电阻。R_3 电阻后面接着接9012的基极，9012集电极再接 R_4，R_4 接黄色 LED_2 的阳极。其他元器件按电路图接好即可。

电位器装配时一定要注意有引脚和极性的器件。晶体管的各极不要接错，发光二极管也不能接反。此外，电位器建议将端3接负极，滑动臂端2接正极。端1最好与端2短接。如图2-43所示。

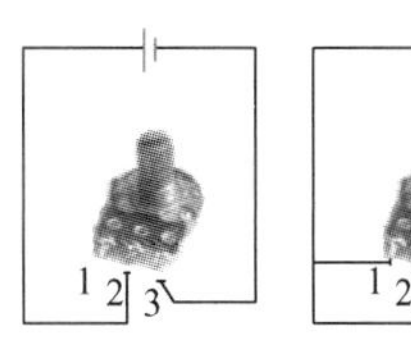

图2-43　电位器装配图

3. 焊接

装配好后就可以进行焊接了。焊接是电子产品装配中的一项基本操作技能。它是将元器件通过焊锡的作用连接到一起，形成完整的电路的电气连接。注意焊接时间不宜过长，否则容易烫坏元器件。焊点表面应光亮圆滑，无锡刺，锡量适中。最重要的是保证焊接完成电气连接，不能虚焊，此外还需力求整洁。

对于大多数元器件，焊接时不超过300℃，3s内完成，焊接应离电位器本体1.5mm以上。有些元器件还要注意防静电。电位器端子在焊接时若焊接温度过高或时间过长可能导致电位器的损坏。

❖ 实操训练

1. 明确任务

1）仪器和器材（查学习工作页）。

2）技能训练电路图（查学习工作页）。

3）内容和步骤（查学习工作页）。

2. 电路的制作

本电路将在面包板上完成连接或万能板上焊接。

3. 电路调试

电路装配焊接好以后，便可进入最后的功能调试环节。

正常情况下，黑暗环境下，两只LED都是发光状态，光亮条件下两只LED都是灭的状态，如果没有出现我们需要的功能，应该从以下几个方面调试、检修。

1）检测焊接线路是否正常连通，可用万用表检测每条线路是否导通。因为初次焊接的时候，经常出现虚焊、假焊、漏焊等焊接故障。

2）检测每个元器件是否安装正确，特别是发光二极管的正负极性是否正确。

3）用万用表测试电源电压是否正常。

4）检查发光二极管的限流电阻是否用错，初学者容易把1000Ω的电阻与100kΩ的电阻搞混。

5）测试晶体管的电压在有光照和无光照时是否改变，如果没有改变则要检测晶体管是否焊接正确。

6）分别测量黑暗环境和光亮条件下 VT_1 和 VT_2 三个电极的电压，二极管两端电压，并计算流过二极管的电流，填在表2-4中。

表2-4　光控彩灯电路调试数据

参　数	暗 环 境	亮 环 境
V_{B1}/V		
V_{C1}/V		
V_{E1}/V		
V_{B2}/V		
V_{C2}/V		
V_{E2}/V		
LED_2两端电压/V		
LED_3两端电压/V		
计算流过LED_2的电流/A		
计算流过LED_3的电流/A		

4. 职业素养培养

1）完成工作任务的过程中，所有操作都应符合安全操作规程；仪器、仪表使用规范、安全。

2）工具摆放整齐，符合职业岗位要求；使用规范，符合安全要求。

3）搭建电路的模块布局合理，不产生干扰，不存在安全隐患。

4）包装物品、导线线头等的处理符合职业岗位的要求，保持工位的整洁。

5）遵守纪律，尊重团队成员，爱惜实验室的设备和器材。

5. 评价

任务评价主要采用过程评价，以自评、互评和教师评价相结合的方式进行。

❖ 课后习题

1. 图2-28中，$R_{B1}=105k\Omega$，$R_{B2}=15k\Omega$，$R_C=5k\Omega$，$R_E=1k\Omega$，$R_L=5k\Omega$，$U_{CC}=12V$，有6位同学在实验中用直流电压表测得晶体管各极电压的数据，见表2-5，说明各电路的工作状态是否合适。若不合适，说明出现了什么问题（元件开路或短路）。

表 2-5　题 1 数据

组　号	U_B/V	U_E/V	U_C/V	工作状态	故障分析
1	0	0	0		
2	0.75	0	0.3		
3	1.4	0.7	8.5		
4	0	0	12		
5	1.5	0	12		
6	1.4	0.7	4.3		

2. 一拾音器可等效为带内阻 R_S的信号源 u_S，其中 $R_S=10k\Omega$，$U_S=200mV$。

1）若负载 $R_L=1k\Omega$ 直接接在拾音器上，如图 2-44a 所示，求负载上的输出电压。

2）若负载 $R_L=1k\Omega$ 经射极输出器后再连接到拾音器，如图 2-44b 所示，求负载上的输出电压。VT 为硅管，$\beta=100$，$r_{bb'}$可忽略，$R_B=400k\Omega$，$R_E=1k\Omega$，$U_{CC}=12V$。

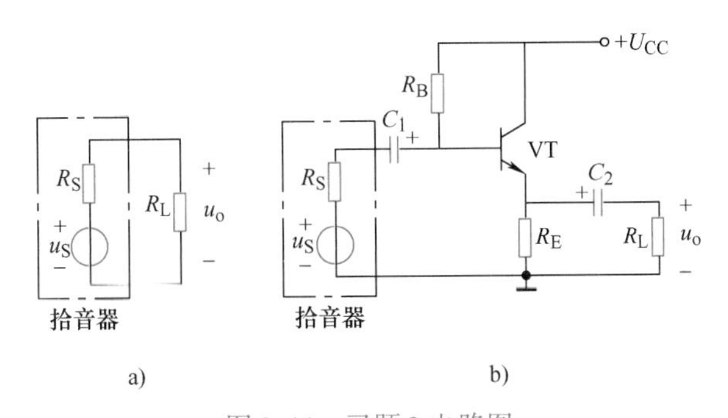

图 2-44　习题 2 电路图

a）直接连接　b）经射极输出器连接

3）将 1）、2）的结果进行比较，得到什么结论？

3. 在实验中用交流毫伏表测得如图 2-36 所示电路的第一级输入信号电压为 10mV，第一级的输出信号电压为 400mV，总输出电压为 1.2V，估算该电路第一级放大器的电压放大倍数、第二级放大器的电压放大倍数和该电路的总电压放大倍数。

4. 多级放大器级间耦合方式有哪几种？各有什么特点？

5. 如图 2-45 所示的阻容耦合放大电路，若晶体管 $U_{BE}=0.7V$，$r_{bb'}=200\Omega$，$\beta_1=\beta_2=50$，$R_{B1}=22k\Omega$，$R_{B2}=15k\Omega$，$R_{C1}=3k\Omega$，$R_{E1}=4k\Omega$，$R_{B3}=120k\Omega$，$R_{E2}=3k\Omega$，$R_L=3k\Omega$，$U_{CC}=12V$。

1）计算各级放大电路的静态工作点。

2）画出放大电路的微变等效电路，并求各级放大电路的电压放大倍数和总的电压放大

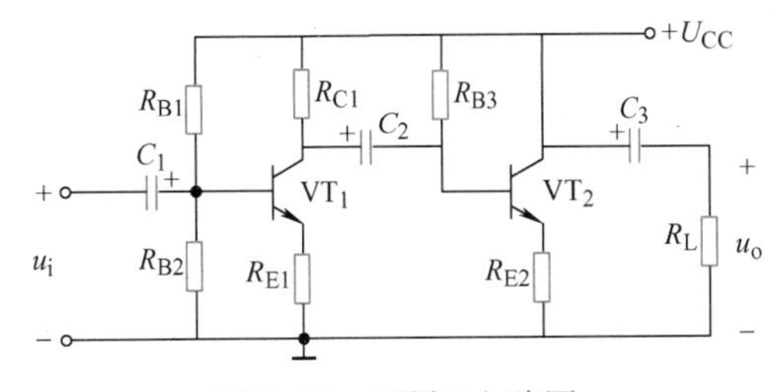

图 2-45　习题 5 电路图

倍数。

3）后级采用射极输出器时有何优点？

6. 两级放大器，若第一级电压放大倍数为30，第二级电压放大倍数为20，则总的电压放大倍数为多少？若第一级电压增益为30dB，第二级电压增益为20dB，则总的电压增益为多少？

任务2.5 其他基本放大电路的分析

❖ 知识链接

2.5.1 共集电极放大电路

放大电路的组态有三种，前面介绍的是共射组态，在许多场合还会遇到共集电极和共基极放大器，本节将介绍共集电路。

共集电极放大电路如图2-46a所示，其中，R_B为基极偏置电阻；R_E为发射极电阻；C_1、C_2分别为输入、输出电容。由于负载电阻接在发射极上，信号从发射极输出，故又称为“射极输出器”。

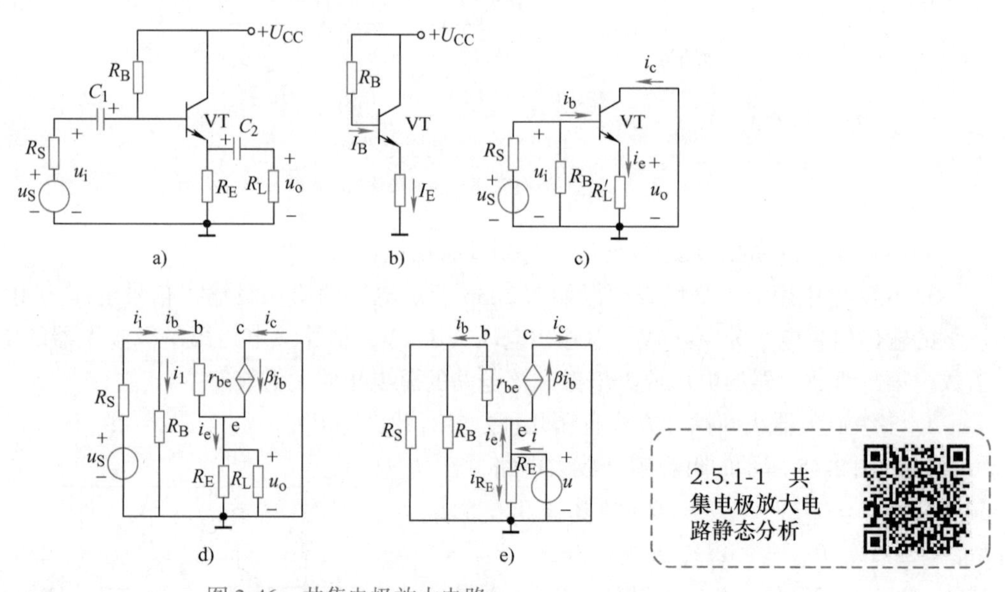

图2-46 共集电极放大电路

a）原理图 b）直流通路 c）交流通路 d）微变等效电路 e）求R_o的等效电路

1. 静态分析

共集电路的直流通路如图2-46b所示，由基极偏置回路方程得

$$U_{CC} = I_{BQ}R_B + U_{BEQ} + I_{EQ}R_E \tag{2-33}$$

又
$$I_{EQ}=I_{BQ}+I_{CQ}=(1+\beta)I_{BQ} \tag{2-34}$$

所以
$$I_{BQ}=\frac{U_{CC}-U_{BEQ}}{R_B+(1+\beta)R_E} \tag{2-35}$$

$$I_{CQ}=\beta I_{BQ} \tag{2-36}$$

$$U_{CEQ}=U_{CC}-I_{EQ}R_E\approx U_{CC}-I_{CQ}R_E \tag{2-37}$$

注：熟悉以后，可以不必画出直流通路，可直接根据原理图进行静态分析。

2. 动态分析

共集电路的交流通路和微变等效电路如图 2-46c 和图 2-46d 所示。

(1) 电压放大倍数 A_u

2.5.1-2 共集电极放大电路动态分析

由图 2-46d 所示的微变等效电路，设 $R_L'=R_E/\!/R_L$ 可得

$$u_o=i_eR_L'=(1+\beta)i_bR_L' \tag{2-38}$$

$$u_i=i_br_{be}+u_o=i_br_{be}(1+\beta)i_bR_L' \tag{2-39}$$

由 $\beta>>1$ 得

$$A_u=\frac{u_o}{u_i}=\frac{(1+\beta)R_L'}{r_{be}+(1+\beta)R_L'}\approx\frac{\beta R_L'}{r_{be}+\beta R_L'} \tag{2-40}$$

显然，$A_u<1$，一般有 $\beta R_L'>>r_{be}$，所以 A_u 略小于 1。由于 $A_u\approx1$，所以 $u_o\approx u_i$，即输出电压与输入电压幅度相近，相位相同，因此共集电路又称为射极跟随器。

(2) 输入电阻 R_i

因为

$$i_i=i_1+i_b=\frac{u_i}{R_B}+\frac{u_i}{r_{be}+(1+\beta)R_L'} \tag{2-41}$$

由 $\beta>>1$，且 $(1+\beta)R_L'\approx\beta R_L'>>r_{be}$ 所以

$$R_i=\frac{u_i}{i_i}=R_B/\!/[r_{be}+(1+\beta)R_L']\approx R_B/\!/\beta R_L' \tag{2-42}$$

可见，射极输出器的输入电阻较高。

(3) 输出电阻 R_o

根据求输出电阻的原则，得到图 2-46e 所示的求 R_o 的等效电路。根据 i 的电流流向，i_e 应该从外流入发射极，则 i_b 和 i_c 应分别流出基极和集电极，相应的受控电流源 i_b 由发射极流向集电极。设 $R_S'=R_S/\!/R_B$，由图 2-46 得

$$u=i_b(r_{be}+R_S')=i_{R_E}R_E \tag{2-43}$$

则有
$$i_b=\frac{u}{r_{be}+R_S'} \tag{2-44}$$

$$i_{R_E}=\frac{u}{R_E} \tag{2-45}$$

所以
$$i=i_e+i_{R_E}=(1+\beta)i_b+i_{R_E}=\left(\frac{1+\beta}{r_{be}+R_S'}+\frac{1}{R_E}\right)u \tag{2-46}$$

放大电路的输入电阻为

$$R_o = \frac{u}{i} = \frac{1}{\frac{1}{(r_{be}+R'_S)/(1+\beta)}+\frac{1}{R_E}} = \frac{r_{be}+R'_S}{1+\beta} /\!/ R_E \tag{2-47}$$

通常满足 $R_E >> (r_{be}+R'_S)/(1+\beta)$，则

$$R_o = \frac{r_{be}+R'_S}{1+\beta} /\!/ R_E \approx \frac{r_{be}+R'_S}{1+\beta} \tag{2-48}$$

如果信号源为恒压源，$R_S=0$，$R'_S=0$，则有

$$R_o \approx \frac{r_{be}}{1+\beta} \tag{2-49}$$

可见，共集电路的输出电阻很小，一般为几十到一百多欧姆。

综上所述，共集电路（射极输出器）的主要特点是：电压放大倍数略小于1，输出电压与输入电压同相，输入电阻高，输出电阻低。输入电阻高意味着向信号源（或前级）索取的电流小；输出电阻低意味着带负载能力强，即减小负载变化时对电压放大倍数的影响。射极输出器虽然没有电压放大功能，但对电流有较大的放大作用，基于以上优点，在实际中获得了广泛地应用。

2.5.2 共基极放大电路

2.5.2 共基极放大电路

共基极放大电路如图 2-47a 所示，其中，R_{B1}、R_{B2}为基极上、下偏置电阻；R_E为发射极电阻；R_C为集电极负载电阻；C_1、C_2分别为输入、输出电容；C_B为基极旁路电容，保证基极交流接地。

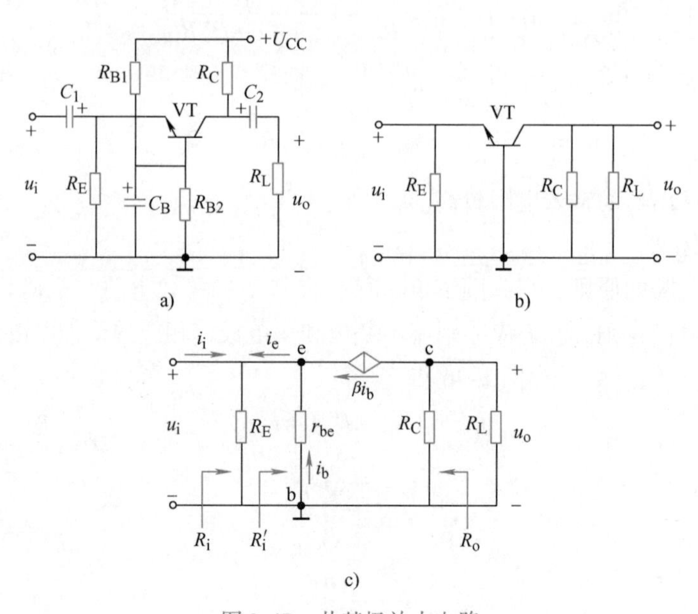

图 2-47　共基极放大电路

a）原理图　b）交流通路　c）微变等效电路

1. 静态分析

共基极放大电路的直流通路和共射分压偏置电路完全相同，因此静态工作点的求法也一样。

2. 动态分析

共基电路的交流通路和微变等效电路如图2-47b、c所示。

(1) 电压放大倍数 A_u

由图2-47c所示的微变等效电路，设 $R'_L = R_C // R_L$ 可得

$$u_o = -i_c R'_L = -\beta i_b R'_L \quad u_i = -i_b r_{be} A_u = \frac{u_o}{u_i} = \frac{\beta R'_L}{r_{be}} \tag{2-50}$$

可见，其电压放大倍数与共射基本放大电路只差一个负号，共基电路是同相放大电路，后者是反相放大电路。

(2) 输入电阻 R_i

先求图2-47c中晶体管发射极与基极之间看进去的等效电阻 R'_i，即共基组态晶体管的输入电阻 r_{be}。

$$R'_i = \frac{u_i}{-i_e} = \frac{-i_b r_{be}}{-i_e} = \frac{r_{be}}{1+\beta} = r_{be} \tag{2-51}$$

$$R_i = R_E // R'_i = R_E // \frac{r_{be}}{1+\beta} \approx \frac{r_{be}}{1+\beta} \tag{2-52}$$

可见，共基电路输入电阻很低，一般只有几欧到几十欧。

(3) 输出电阻 R_o

由图2-47c所示的微变等效电路不难看出，共基电路的输出电阻为

$$R_o = R_C \tag{2-53}$$

可见，共基电路的输出电阻较大。

共基电路输入电流为 i_e，输出电流为 i_c，没有电流放大作用。但其频率特性好，常用于高频和宽频电路中。

2.5.3 三种基本组态放大电路的比较

2.5.3 三种基本组态放大电路的比较

前文介绍了晶体管三种基本组态放大电路，其他类型的晶体管放大电路都是由这三种变化而来。三种基本组态放大电路的比较见表2-6。

表2-6 三种基本组态放大电路的比较

性能	组态		
	共射	共集	共基
输入/输出电压相位	反相	同相	同相
电压放大倍数	较大	小于且接近1	较大
电流放大倍数	较大	较大	小于且接近1
输入电阻	中	高	低

（续）

性　能	组　态		
	共射	共集	共基
输出电阻	中	低	高
主要应用	以分压式偏置电路形式起放大作用	输入或输出级的阻抗变换作用、中间级隔离作用	高频、宽频带等电路

❖ 实操训练

1. 明确任务

1）仪器和器材（查学习工作页）。

2）技能训练电路图（查学习工作页）。

3）内容和步骤（查学习工作页）。

2. 电路的制作

本电路将在面包板上完成连接或万能板上焊接。

3. 电路调试

1）对照电路原理图检查各元器件安装是否正确，检查元器件的连接极性及电路连线，然后接通电源进行调试。

2）接通电源，观察电路输出端电压的变化。

4. 职业素养培养

1）完成工作任务的过程中，所有操作都应符合安全操作规程；仪器、仪表使用规范、安全。

2）工具摆放整齐，符合职业岗位要求；使用规范，符合安全要求。

3）搭建电路的模块布局合理，不产生干扰，不存在安全隐患。

4）包装物品、导线线头等的处理符合职业岗位的要求，保持工位的整洁。

5）遵守纪律，尊重团队成员，爱惜实验室的设备和器材。

5. 评价

任务评价主要采用过程评价，以自评、互评和教师评价相结合的方式进行。

❖ 课后习题

1. 如图2-48所示，$U_{BE}=0.7V$，$\beta=80$，$r_{be}=1k\Omega$，$R_B=200k\Omega$，$R_S=2k\Omega$，$R_E=3k\Omega$，$U_{CC}=15V$。

1）计算静态工作点。

2）分别计算$R_L=\infty$和$R_L=3k\Omega$时电路的电压放大倍数和输入电阻。

3）计算输出电阻。

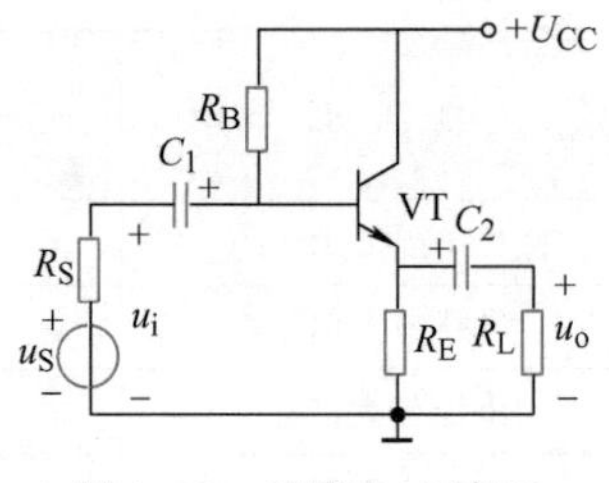

图2-48　习题1电路图

2. 射极输出器有哪些特点？

3. 电路如图 2-49 所示，晶体管 $\beta=50$，$r_{be}=1\text{k}\Omega$，$R_{B1}=100\text{k}\Omega$，$R_{B2}=30\text{k}\Omega$，$R_E=1\text{k}\Omega$，$R_S=50\Omega$。画出微变等效电路，求 A_u、R_i和 R_o。

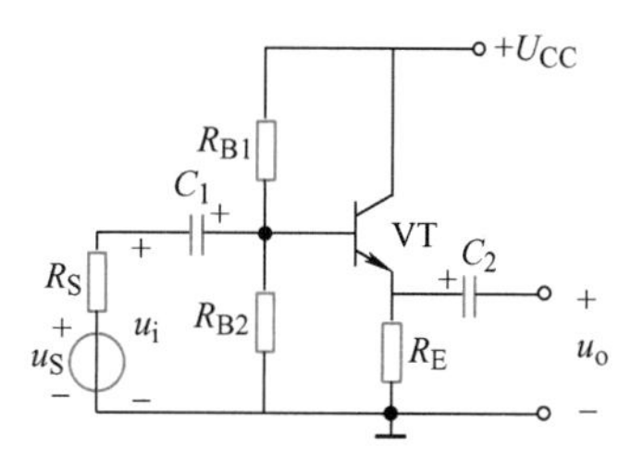

图 2-49　习题 3 电路图

4. 实验电路如图 2-33 所示，若晶体管 $U_{BE}=0.7\text{V}$，$\beta=100$，$r_{bb'}=100\Omega$，$R_{B1}=40\text{k}\Omega$，$R_{B2}=5.6\text{k}\Omega$，$R_C=5.1\text{k}\Omega$，$R_{E1}=100\Omega$，$R_{E2}=1\text{k}\Omega$，$R_L=5.1\text{k}\Omega$，$U_{CC}=15\text{V}$，各电容可看成交流短路，接入内阻 $R_S=1\text{k}\Omega$，$U_S=20\text{mV}$ 的信号源后，有 5 组同学用交流毫伏表测出有关电压的数据，见表 2-9。试分析哪组测试数据有误，指出是什么故障（元件的开路或短路）。

表 2-9　题 4 数据

组　号	U_B/V	U_E/V	U_C/V	U_o/V	正误	故障分析
1	0	0	0	0		
2	15.6	12.3	620	0		
3	15.6	12.3	620	620		
4	16.5	16.1	37.3	37.3		
5	15.6	12.3	310	310		

扩音器在日常生活中应用广泛，它能帮助人们解决因为场合太大、一些比较嘈杂热闹的地方说话不清楚的困扰。在电影院、家里，扩音器所营造的声的世界也将人们带入一个想象的世界。而功率放大电路在扩音器中起到关键作用。功率放大电路的工作原理是什么？功率放大电路在扩音器中起什么作用？通过本项目的学习，将理解扩音器是如何工作的，并尝试设计和动手制作一个简易扩音器。

项目3　驱动电路的制作

❖项目描述

功率放大器简称功放，俗称“扩音机”，是音响系统中最基本的设备，它的任务是把来自信号源（专业音响系统中则是来自调音台）的微弱电信号进行放大以驱动扬声器发出声音。本项目主要介绍典型功率放大电路的工作原理及集成功率放大器的典型应用。

❖职业岗位目标

知识目标

- 掌握反馈的概念及电路反馈类型的判别。
- 了解负反馈对放大电路性能的影响。
- 掌握甲乙类互补对称功率放大器的结构特点和工作原理。
- 掌握集成功率放大器的典型应用。

能力目标

- 能判断电路的反馈类型。
- 会测试反馈放大电路。
- 会组装和测试功率放大电路。

素质目标

- 培养学生严谨的科学态度。
- 锻炼学生对实际问题分析的能力。

任务 3.1　负反馈放大电路的调试

❖ 知识链接

3.1.1　反馈的基本概念

反馈最初只是电子系统和自动控制系统中的一个技术用语，如今已经广泛应用到自然科学和社会科学等领域，如信息反馈等。在电子电路中引入负反馈，可以显著地改善放大电路的性能，因此几乎所有电子设备都引入了负反馈；同时，在放大电路中引入正反馈还可以构成波形发生器等。

3.1.1-1　反馈的概念

1. 反馈的概念

在电子电路中，反馈是将放大电路的输出信号（电压或电流）的部分或全部通过一定的电路（反馈电路）回送到输入端来影响输入量的过程。一个反馈放大电路的组成框图如图 3-1 所示。

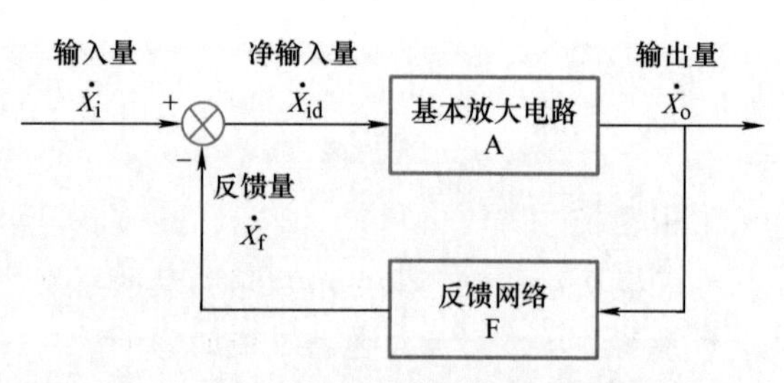

图 3-1　反馈放大电路的组成框图

由图 3-1 可知，任何一个带有反馈的放大器都包含两部分：一部分是不带反馈的基本放大器 A，它可以是单级或多级分立元件放大电路，也可以是集成运算放大器；另一部分是反馈网络 F，它是联系放大器输出电路和输入电路的环节。通过反馈电路把基本放大器的输出和输入连成环状，称为闭环放大器或反馈放大器，没有反馈电路的放大器，称为开环放大器。

2. 反馈放大电路的基本关系式

由图 3-1 可得各信号量之间的基本关系式如下。

净输入信号

$$\dot{X}_{id} = \dot{X}_i - \dot{X}_f \tag{3-1}$$

开环放大倍数

$$\dot{A} = \frac{\dot{X}_o}{\dot{X}_{id}} \tag{3-2}$$

反馈系数

$$\dot{F} = \frac{\dot{X}_f}{\dot{X}_o} \tag{3-3}$$

闭环放大倍数

$$\dot{A}_f = \frac{\dot{X}_o}{\dot{X}_i} = \frac{\dot{X}_o}{\dot{X}_{id} + \dot{X}_f} = \frac{\dot{X}_o}{\dot{X}_{id} + \dot{A}\dot{F}\dot{X}_{id}} = \frac{\dot{A}}{1 + \dot{A}\dot{F}}。 \tag{3-4}$$

式(3-4) 称为反馈放大电路的基本关系式，它表明了闭环放大倍数与开环放大倍数、反馈系数之间的关系。引入负反馈后放大电路的闭环放大倍数 $\dot{A}_f$ 降低了，且降低为原来放大倍数 $\dot{A}$ 的 $\frac{1}{1 + \dot{A}\dot{F}}$ 倍。

$1 + \dot{A}\dot{F}$ 称为反馈深度，负反馈放大器性能的改善程度均与反馈深度有关。在负反馈情况下，若 $|1 + \dot{A}\dot{F}| > 1$，则 $|\dot{A}_f| < |\dot{A}|$，说明加入反馈后闭环放大倍数变小了，这类反馈属于负反馈。若 $|1 + \dot{A}\dot{F}| < 1$，则 $|\dot{A}_f| > |\dot{A}|$，即加入反馈后，使闭环放大倍数增加，称为正反馈。正反馈只在信号产生、变换方面应用，其他场合应尽量避免。若 $|1 + \dot{A}\dot{F}| = 0$，则 $A_f \to \infty$，即没有输入信号时，也会有输出信号，这种现象称为自激振荡。

3. 反馈的分类与判别

实际电路的形式是多种多样的，在确定电路的反馈类型及组态时，首先要判断电路有无反馈。判别方法是看放大电路是否存在反馈网络。如果存在反馈网络，并影响了放大电路的净输入信号，则表明电路引入了反馈，否则电路中就没有引入反馈。

3.1.1-2　反馈的分类

(1) 正反馈与负反馈

根据反馈极性分类，反馈可分为负反馈与正反馈。

3.1.1-3　正、负反馈的判别方法

1) 正反馈。若反馈信号加强了原输入信号，这种反馈称为正反馈。正反馈能使放大倍数增大，但也会使放大电路的工作稳定性变差，甚至产生自激振荡，破坏其放大作用，故在放大电路中很少使用。

2) 负反馈。若反馈信号削弱了输入信号，导致放大倍数减小，这种反馈称为负反馈。负反馈在放大电路中应用较多，虽然它降低了放大倍数，但却可以改善放大电路的性能。

3) 判别方法。正负反馈的判别常用瞬时极性法，即先假定输入信号在某一瞬间对地的极性为“+”（瞬时电位升高）或“-”（瞬时电位降低），然后按信号“先放大、后反馈”的传输路径，根据各级电路输出端与输入端信号的相位关系（同相或反相），标出反馈回路中各点的瞬时极性，最后推出反馈端信号的瞬时极性，从而判断反馈信号是加强了输入信号还是削弱了输入信号，加强的（即净输入信号增大）为正反馈，削弱的（即净输入信号减小）为负反馈。

通常若反馈信号与输入信号接在同一电极上，则两者极性相同为正反馈，否则为负反馈；若反馈信号与输入信号不在同一电极上，则两者极性相同为负反馈，否则为正反馈。

【例 3-1】 试判别图 3-2 所示电路中引入的反馈是正反馈还是负反馈。

解： 对于图 3-2a，设 u_i 瞬时极性为“+”，则 u_{B1} 的瞬时极性为“+”，经过 VT_1 反相后

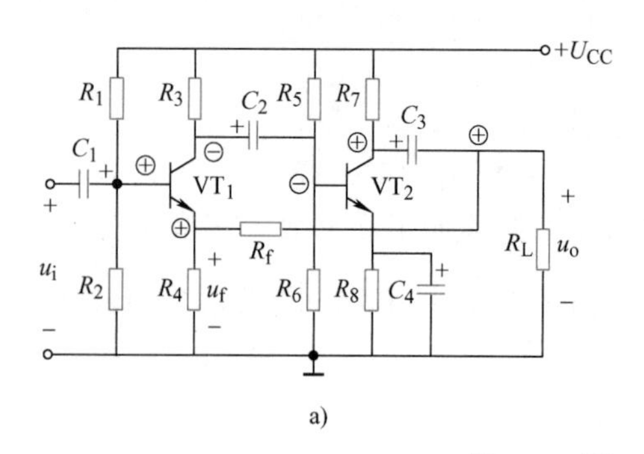

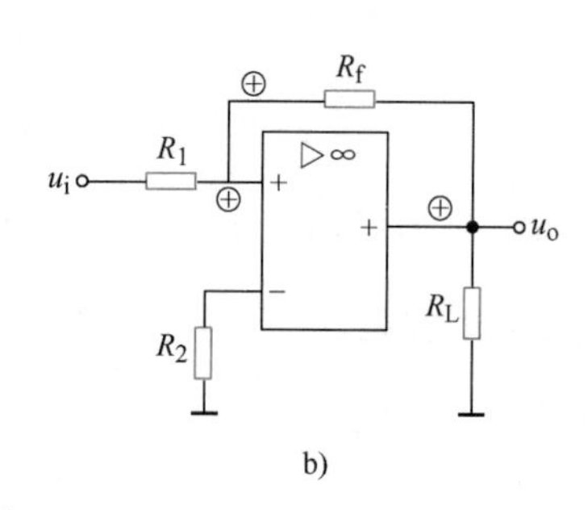

图 3-2 例 3-1 图

a）负反馈电路 b）正反馈电路

u_{C1}的瞬时极性为“－”，则u_{B2}的瞬时极性为“－”，经过VT_2反相后u_{C2}的瞬时极性为“＋”，反馈回来的信号瞬时极性也为“＋”，由于输入信号与反馈信号不在同一电极上，两者极性相同为负反馈。

对于图 3-2b，设u_i瞬时极性为“＋”，则输出u_o瞬时极性为“＋”，反馈回来的信号瞬时极性为“＋”，由于输入信号与反馈信号在同一电极上，两者极性相同为正反馈。

（2）电压反馈与电流反馈

根据反馈网络在输出端的取样方式划分，反馈可分为电压反馈和电流反馈。

1）电压反馈。若反馈信号取自输出电压，反馈量正比于输出电压，反馈量反映的是输出电压的变化，则称为电压反馈。如图 3-3a 所示，这时，基本放大器、反馈网络、负载三者在输出取样端是并联连接的。

2）电流反馈。若反馈信号取自输出电流，反馈量正比于输出电流，反馈量反映的是输出电流的变化，则称为电流反馈。如图 3-3b 所示，这时，基本放大器、反馈网络、负载三者在输出取样端是串联连接的。

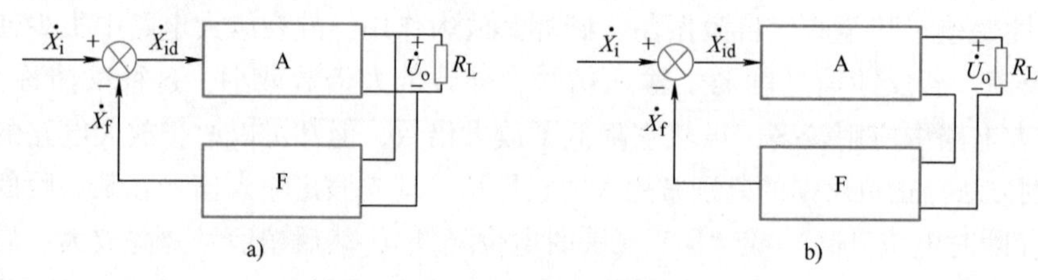

图 3-3 电压反馈与电流反馈

a）电压反馈 b）电流反馈

3）判别方法。电压、电流反馈判别方法常用的是假设输出短路法。若将放大电路的输出负载短路（即$u_o=0$），如反馈信号随之消失，则为电压反馈，否则为电流反馈。电压、电流反馈也可以按取样位置判别，除公共端外，若反馈信号取自输出端，则为电压反馈，否则为电流反馈。电压负反馈能稳定输出电压，而电流负

3.1.1-4 电压、电流反馈的判别方法

反馈则能稳定输出电流，即负反馈具有稳定被采样的输出量的作用。

【例 3-2】　试判别图 3-4 ~ 图 3-7 所示电路的反馈是电压反馈还是电流反馈。

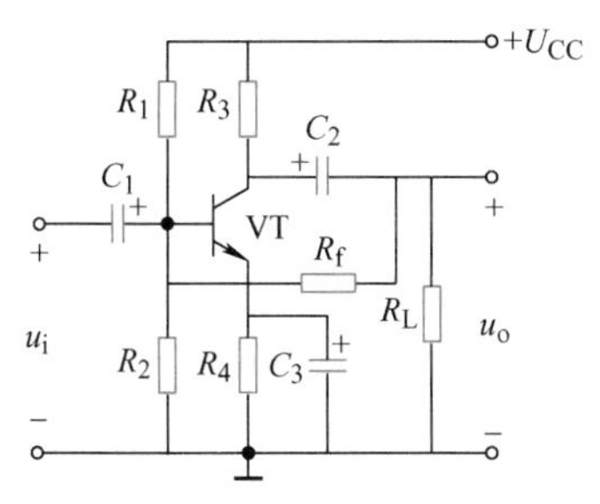

图 3-4　电压并联反馈电路

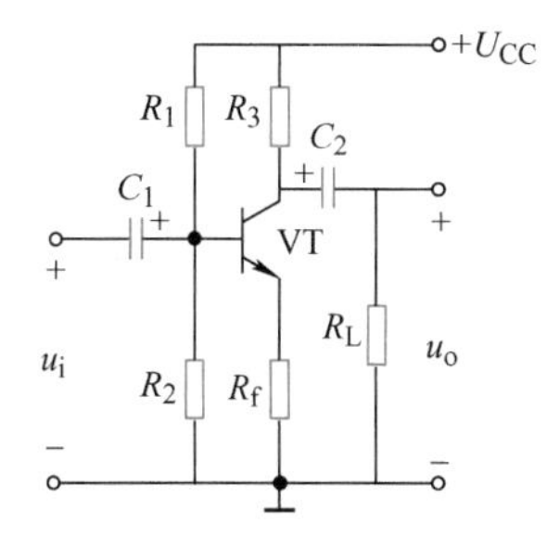

图 3-5　电流串联反馈电路

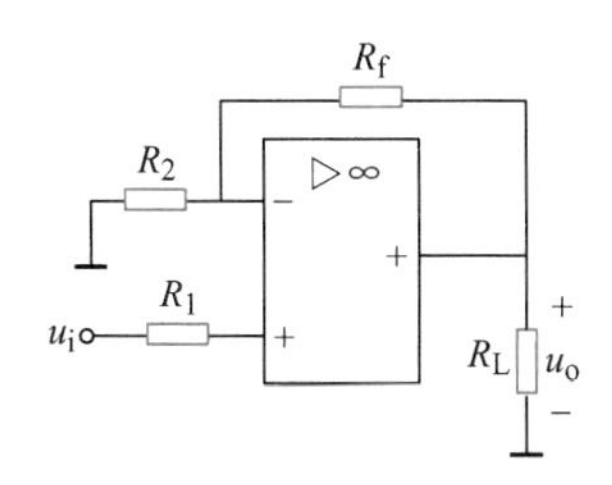

图 3-6　电压串联反馈电路

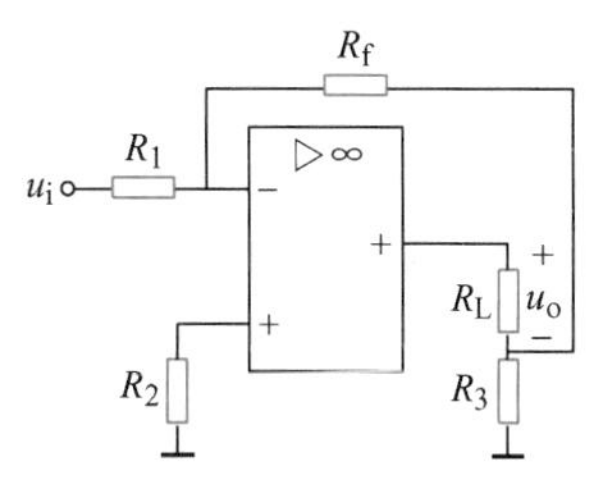

图 3-7　电流并联反馈电路

解：在图 3-4 中，将输出端负载短路（即 $u_o=0$），反馈信号不存在，因此是电压反馈；或根据 R_f与输出端相连，也可判定为电压反馈。

在图 3-5 中，R_f是反馈元件，将输出端负载短路（即 $u_o=0$），反馈信号依然存在，因此是电流反馈；或根据 R_f不与输出端相连，也可判定为电流反馈。

在图 3-6 中，将输出端负载短路（即 $u_o=0$），反馈信号不存在，因此是电压反馈。

在图 3-7 中，将输出端负载短路（即 $u_o=0$），在 R_3上应有反馈电压，反馈信号依然存在，因此是电流反馈。

（3）串联反馈与并联反馈

根据反馈网络与基本放大电路在输入端的连接方式划分，反馈可分为串联反馈和并联反馈。

1）串联反馈。若输入信号、基本放大电路、反馈网络三者在比较端是串联连接，则称为串联反馈，这时反馈信号和输入信号以电压形式进行叠加，在负反馈时，使净输入电压 $\dot{U}'_i=\dot{U}_i-\dot{U}_f$，如图 3-8a 所示。

2）并联反馈。若输入信号、基本放大电路、反馈网络三者在比较端是并联连接，则称为并联反馈，这时反馈信号和输入信号以电流形式进行叠加，在负反馈时，使净输入电流 $\dot{I}'_i=\dot{I}_i-\dot{I}_f$，如图 3-8b 所示。

3）判别方法。串联、并联反馈简易的判别方法是，输入信号和反馈信号在不同节点引入为串联反馈，在同一节点引入为并联反馈。

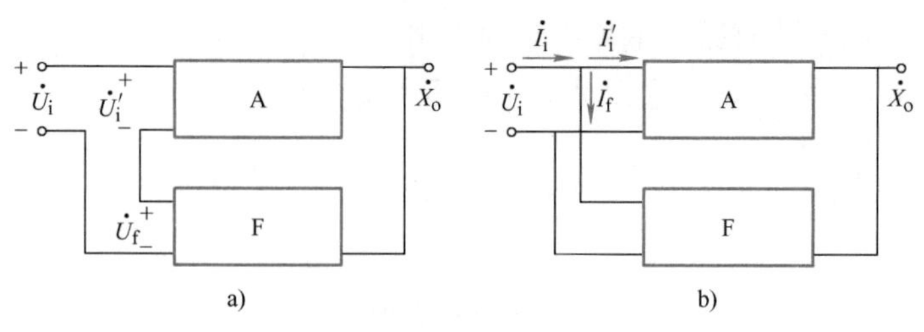

图 3-8 串联反馈与并联反馈

a）串联反馈 b）并联反馈

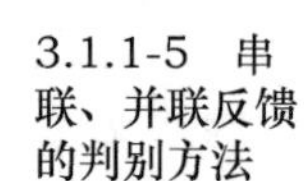

【例 3-3】 试判别图 3-4 ~ 图 3-7 所示电路的反馈是串联反馈还是并联反馈。

解：在图 3-4 中，输入信号正端加到了 VT 的基极上，反馈信号也反馈回到 VT 的基极上，故判定为并联反馈。

在图 3-5 中，输入信号正端加到了 VT 的基极上，反馈信号也反馈回到 VT 的发射极上，故判定为串联反馈。

在图 3-6 中，输入信号加到了集成运放的同相输入端，反馈信号反馈到了集成运放的反相输入端，因此是串联反馈。

在图 3-7 中，输入信号与反馈信号都加到了集成运放的反相输入端，因此是并联反馈。

（4）直流反馈与交流反馈

根据反馈信号的交直流性质，反馈可以分为直流反馈和交流反馈。

1）直流反馈。若反馈信号中只含有直流成分，则称为直流反馈。直流负反馈常用于稳定放大电路的静态工作点。

2）交流反馈。若反馈信号中只含有交流成分，则称为交流反馈。交流负反馈常用于改善放大电路的性能。

3）判别方法。可以通过反馈元件出现在哪种电流通路中来判别是直流反馈还是交流反馈。若反馈元件只出现在直流通路中，则为直流反馈；若反馈元件只出现在交流通路中，则为交流反馈。若两个通路中都存在的反馈则称为交、直流反馈。

（5）本级反馈和级间反馈

1）本级反馈。若反馈信号从同一级的输出反馈回到同一级的输入，则称为本级反馈。例如，图 3-2a 中的 R_4 与 R_8 均为本级反馈。

3.1.1-6 负反馈的四种组态

2）级间反馈。若反馈信号是从后级的输出反馈回到前级的输入，则称为级间反馈。例如，图 3-2a 中的 R_f 为级间反馈。

4. 负反馈的四种组态

综上所述，根据反馈信号在输出端的取样方式以及在输入回路连接方式的不同组合，负反馈放大电路可以分为四种组态，即电压串联负反馈、电压并联负反馈、电流串联负反馈、电流并联负反馈。负反馈放大电路的四种基本组态电路框图如图 3-9 所示。

3.1.2 负反馈对放大电路性能的影响

3.1.2 负反馈对放大电路性能的影响

负反馈使放大电路增益下降，但可使放大电路很多方面

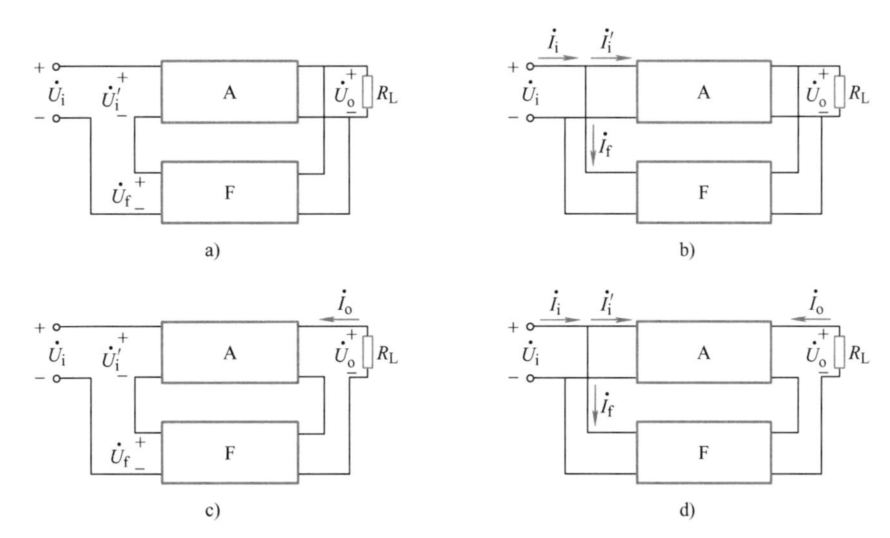

图 3-9　负反馈放大电路的四种基本组态电路框图

a）电压串联负反馈　b）电压并联负反馈　c）电流串联负反馈　d）电流并联负反馈

的性能得到改善，下面分析负反馈对放大电路主要性能的影响。

1. 提高放大倍数的稳定性

为分析方便，假设信号频率为中频，反馈电路是纯电阻，那么开环放大倍数、反馈系数和闭环放大倍数均是实数，分别记作 A、F 和 A_f，则

$$A_f=\frac{A}{1+AF} \tag{3-5}$$

由于负载和环境温度的变化、电源电压的波动和器件老化等因素，放大电路的放大倍数会发生变化。通常用放大倍数相对变化量的大小来表示放大倍数稳定性的优劣，相对变化量越小，则稳定性越好。对式(3-5) 求微分，可得

$$\frac{dA_f}{A_f}=\frac{1}{1+AF}\frac{dA}{A} \tag{3-6}$$

可见，引入负反馈后放大倍数的相对变化量 dA_f/A_f 为其基本放大电路放大倍数相对变化量 dA/A 的 $1/(1+AF)$ 倍。

当反馈深度 $|1+AF|\gg1$ 时称为深度负反馈，这时 $A_f\approx1/F$，说明深度负反馈时，放大倍数基本上由反馈网络决定，而反馈网络一般由电阻等性能稳定的无源线性元件组成，基本不受外界因素变化的影响，因此放大倍数比较稳定。但是放大倍数稳定性的提高是以放大倍数下降为代价的。

2. 减小放大电路引起的非线性失真

晶体管、场效应晶体管等有源器件伏安特性的非线性会造成输出信号非线性失真，引入负反馈后可以减小这种失真，其原理可用图 3-10 加以说明。

假设输入信号为正弦波，无反馈时放大电路产生正半周输出增大，负半周输出减小的失真，如图 3-10a 所示，引入负反馈后，如图 3-10b 所示，这种失真被引入到输入端，反馈信

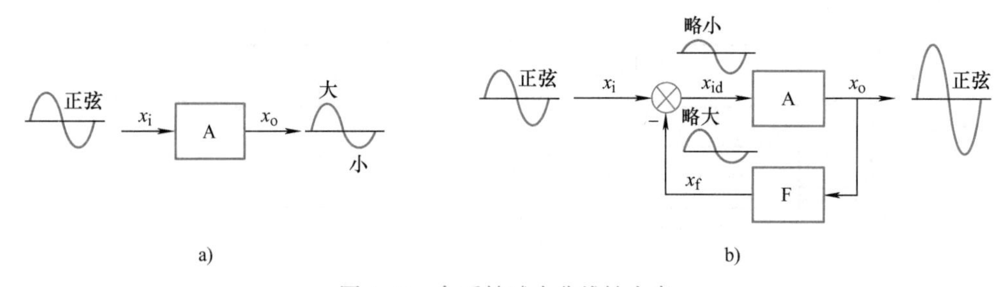

图 3-10　负反馈减小非线性失真

a）无反馈时信号波形　b）引入负反馈时信号波形

号 x_f为正半周幅度大而负半周幅度小的波形，由于 $x_{id}=x_i-x_f$，因此净输入信号 x_{id}波形变为正半周幅度小而负半周幅度大的波形，即通过反馈使净输入信号产生预失真，这种预失真正好补偿了放大电路非线性引起的失真，使输出波形 x_o接近正弦波。

3. 扩展通频带

图 3-11 所示为基本放大电路和负反馈放大电路的幅频特性 A 和 A_f，图中 BW 与 BW_f分别为基本放大电路、负反馈放大电路的通频带宽度。可见，加负反馈后的通频带宽度比无反馈时的大。扩展通频带的原理如下：当输入等幅不同频率的信号时，高频段和低频段的输出信号比中频段的小，因此反馈信号也小，对净输入信号的削弱作用小，所以高、低频段的放大倍数减小程度比中频段的小，从而扩展了通频带，可以证明，$BW_f=(1+AF)BW$。

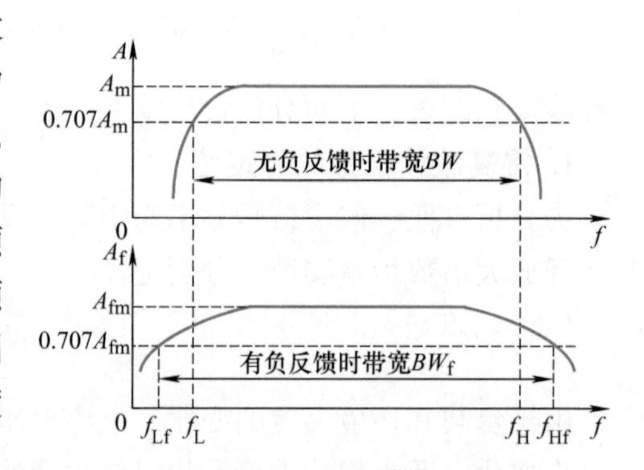

图 3-11　基本放大电路和负反馈放大电路的幅频特性

4. 负反馈对输入电阻和输出电阻的影响

（1）对输入电阻的影响

负反馈对放大电路输入电阻的影响取决于负反馈信号在输入端的连接方式，而与输出端的连接方式无关。

1）串联负反馈与输入正端无直接连接点，从输入端看进去，相当于在输入端串入一个电路，串联后的电阻增加，故串联负反馈使输入电阻增大。可以证明，引入串联负反馈后，输入电阻是无反馈时输入电阻的（$1+AF$）倍，即 $R_{if}=(1+AF)R_i$。

2）并联负反馈与输入正端有直接连接点，从输入端看进去，相当于在输入端并入一个电路，并联后的电阻减小，故并联负反馈使输入电阻减小。可以证明，引入并联负反馈后，输入电阻是无反馈时输入电阻的 $1/(1+AF)$，即 $R_{if}=R_i/(1+AF)$。

（2）对输出电阻的影响

负反馈对放大电路输出电阻的影响取决于负反馈信号在输出端的取样方式，而与输入端的连接方式无关。

1）电压负反馈与输出正端有直接连接点，从输出端看进去，相当于在输出端并联一电路，并联后的电阻减小，故电压负反馈使输出电阻减小，可以证明，$R_{of}=R_o/(1+AF)$。

2）电流负反馈与输出正端没有直接连接点，从输出端看进去，相当于在输出端串入一电路，串联后的电阻增大，故电流负反馈使输出电阻增大，可以证明，$R_{of}=(1+AF)R_o$。

3.1.3　引入负反馈的一般原则

3.1.3 引入负反馈的一般原则

负反馈能使放大电路的性能得到改善，在实际工作中，往往会根据需要对放大电路的性能提出一些具体要求。例如，为了提高电子仪表的测量准确度，要求电子仪表输入级的输入电阻要大；为了提高电子设备带负载的能力从而稳定输出电压，要求输出级的输出电阻要小，这些都要求我们根据需要引入合适的负反馈。在集成运放的线性应用中，引入负反馈又是一个必不可少的环节。

综上所述，引入负反馈后能改善放大电路的性能，不同组态的负反馈放大电路具有不同的特点，因此可以得到引入负反馈的一般原则。

1）要稳定直流量（如静态工作点）时，应引入直流负反馈。

2）要改善放大电路的动态性能（如稳定放大倍数、展宽频带等）时，应引入交流负反馈。

3）要稳定输出电压、减小输出电阻和提高带负载能力时，应引入电压负反馈；要稳定输出电流、提高输出电阻时，应引入电流负反馈。

4）要提高输入电阻时，应引入串联负反馈；要减小输入电阻时，应引入并联负反馈。

5）要使反馈效果好，在信号源为电压源时，应引入串联负反馈；在信号源为电流源时，应引入并联负反馈（因为信号源内阻越小，串联负反馈作用越强；信号源内阻越大，并联负反馈作用越强）。

6）要明显改善性能，反馈深度 $1+AF$ 要足够大。但反馈深度太大，可能出现自激振荡，可见反馈深度要适当。

3.1.4　负反馈放大电路的自激振荡与消除方法

负反馈可以改善放大电路的性能，而且反馈深度越大，改善的效果越显著。但是，负反馈太深，容易引起放大电路的自激振荡，破坏电路的正常放大。

1. 放大电路产生自激振荡的原因及条件

（1）产生自激振荡的原因

负反馈放大电路工作在中频区时，电路中各电抗性元件的影响可以忽略，电路不存在附加的相移。按照负反馈的定义，引入负反馈后净输入信号 $\dot{X}_{id}$ 在减小，因此，输入信号 $\dot{X}_i$ 与反馈信号 $\dot{X}_f$ 必须是同相的。但是，在高频区或低频区时，电路中各种电抗性元件的影响不能被忽略。$\dot{A}$ 与 $\dot{F}$ 是频率的函数，因而 $\dot{A}$ 与 $\dot{F}$ 的幅值和相位都会随频率而变化。相位的改变，使 $\dot{X}_i$ 和 $\dot{X}_f$ 不再同相，产生了附加相移。可能在某一频率下，$\dot{A}$ 与 $\dot{F}$ 的附加相移达到180°时，$\dot{X}_i$ 和 $\dot{X}_f$ 必然由中频区的同相变为反相，使放大电路的净输入信号由中频时的减小而变为增加，放大电路就由负反馈变为了正反馈。当正反馈较强以致 $\dot{X}_{id} = -\dot{X}_f = -\dot{A}\dot{F}\dot{X}_{id}$，也就是 $\dot{A}\dot{F} = -1$ 时，即使输入端不加输入信号（$\dot{X}_i = 0$），输出端也会产生输出信号，电路产生自激振荡，这时，电路会失去正常的放大作用而处于一种不稳定的状态。

（2）产生自激振荡的条件

产生自激振荡的条件为负反馈变为正反馈且反馈信号足够大，即 $\dot{A}\dot{F} = -1$。它包括振幅和相位两个条件。

1）振幅条件：$|\dot{A}\dot{F}| = 1$，即反馈信号要足够大。

2）相位条件：$\varphi_A + \varphi_F = \pm(2n+1)\pi$（$n$ 为整数），即负反馈变为正反馈。

从放大电路频率特性的分析可知，单级负反馈放大电路在低频或高频时，会产生附加相移，最大附加相移可达±90°，可见单级负反馈放大电路是稳定的，不会产生自激振荡。两级负反馈放大电路最大附加相移可达±180°，但这时放大倍数近似为零（$|\dot{A}\dot{F}| = 0$），不满足振幅条件，因此两级负反馈放大电路也是稳定的。三级放大电路的最大附加相移可达±270°，级数越多，相移也越大，当其附加相移达到180°，同时反馈信号的幅值等于或大于净输入信号的幅值，即 $|\dot{A}\dot{F}| \geq 1$ 时，负反馈放大电路就产生自激振荡。

2. 消除自激振荡的方法

对于一个负反馈放大电路而言，消除自激振荡的方法就是采取措施破坏自激的振幅或相位条件。通常采用滞后补偿的方法，即在放大电路中加入由 *RC* 元件组成的校正电路，如图3-12所示为几种网络补偿的接法。其中图3-12a所示电路在级间接入电容 *C*，称为电容滞后补偿；图3-12b所示电路在级间接入 *R* 与 *C*，称为 *RC* 滞后补偿；图3-12c所示电路接入较小的电容 *C*，利用密勒效应可以达到增大电容的作用，获得与图3-12a、图3-12b电路相同的补偿效果，称为密勒电容补偿。

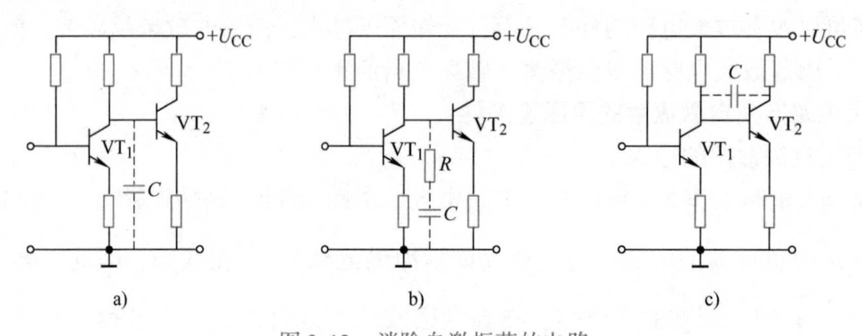

图3-12　消除自激振荡的电路

a）电容滞后补偿　b）*RC* 滞后补偿　c）密勒电容补偿

❖ 实操训练

1. 明确任务

1）仪器和器材（查学习工作页）。

2）技能训练电路图（查学习工作页）。

3）内容和步骤（查学习工作页）。

2. 电路的制作

本电路将在面包板上完成连接或万能板上焊接。

3. 电路调试

1）静态工作点设置保持不变。

2）分别测量基本放大电路与反馈放大电路的电压放大倍数，观察放大电路加入负反馈后电压放大倍数的变化情况。

3）分别测量基本放大电路与反馈放大电路的通频带，观察放大电路加入负反馈后通频带的变化情况。

4）观察放大电路加入负反馈后对非线性失真的改善情况。

4. 职业素养培养

1）完成工作任务的过程中，所有操作都应符合安全操作规程：仪器、仪表使用规范、安全。

2）工具摆放整齐，符合职业岗位要求；使用规范，符合安全要求。

3）搭建电路的模块布局合理，不产生干扰，不存在安全隐患。

4）包装物品、导线线头等的处理符合职业岗位的要求，保持工位的整洁。

5）遵守纪律，尊重团队成员，爱惜实验室的设备和器材。

5. 评价

任务评价主要采用过程评价，以自评、互评和教师评价相结合的方式进行。

❖ 课后习题

1. 在图 3-13 的各电路中，说明有无反馈，由哪些元器件组成反馈网络，是直流反馈还是交流反馈。

2. 判断图 3-13 所示各电路的反馈组态。对于负反馈，哪些用于稳定输出电压？哪些用于稳定输出电流？哪些可以提高输入电阻？哪些可以降低输出电阻？

3. 如图 3-14 所示电路，它的最大跨级反馈可从晶体管的集电极或发射极引出，接到的基极或发射极，共有 4 种接法（①和③、①和④、②和③、②和④相连）。试判断这 4 种接法各为何种组态的反馈？是正反馈还是负反馈？（设各电容可视为交流短路。）

4. 在图 3-15 所示的各电路中，说明有无反馈，由哪些元器件组成反馈网络，是直流反馈还是交流反馈。

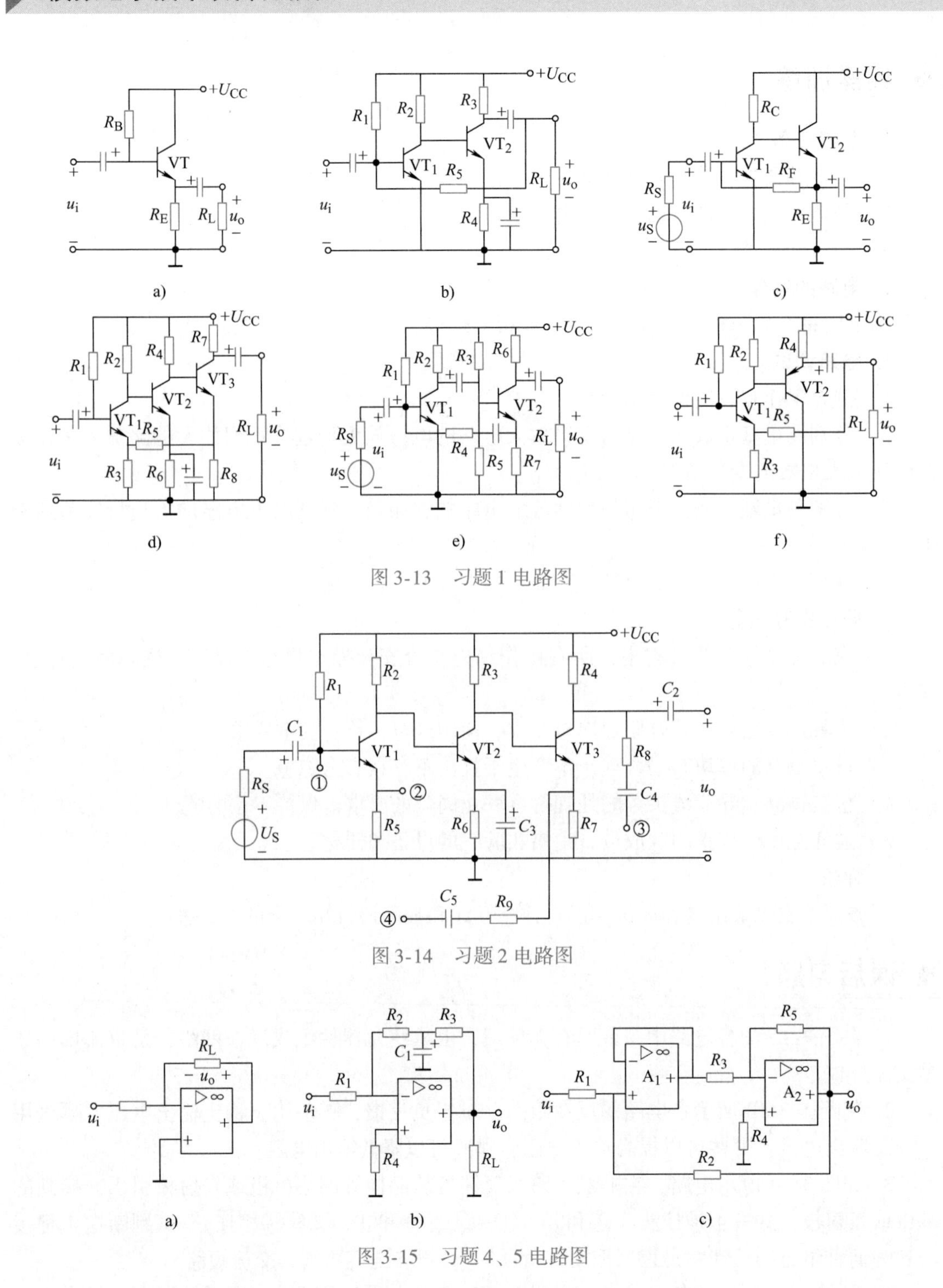

图 3-13　习题 1 电路图

图 3-14　习题 2 电路图

图 3-15　习题 4、5 电路图

5. 判断图 3-15 所示各电路的反馈组态，哪些用于稳定输出电压？哪些用于稳定输出电流？哪些可以改变输入电阻？哪些可以改变输出电阻？

任务 3.2　驱动扬声器电路

❖ 知识链接

3.2.1　功率放大器概述

3.2.1　功率放大器概述

在电子技术中，有时需要大的信号功率，该信号具有足够的功率去控制或驱动一些设备工作，例如控制电动机的转动，驱动扬声器使之发声等。向负载提供足够信号功率的放大电路称为功率放大器。

1. 功率放大电路的特点及基本要求

就放大信号而言，功率放大器与前述放大器本质上无差别，都是利用晶体管的控制作用，将电源提供的直流功率按输入信号变化规律转换为交流输出功率。但前述放大器工作在小信号状态，主要用来实现电压放大，所以又称为小信号放大器或电压放大器，对其主要的要求是电压增益高，工作稳定。而功率放大器通常工作在大信号状态，这就使它与工作在小信号状态的电压（或电流）放大器有不同的特点和要求。

（1）输出功率要尽可能大

为了获得大的输出功率，要求功率放大电路的输出电流与输出电压都要大，因此，功率放大管都工作在极限状态下。

（2）转换效率要高

功率放大电路的输出功率由直流电源提供的功率转换而来，由于功率放大管有一定的内阻，所以会有一定的功率损耗。所谓转换效率是指负载得到的有用功率与电源提供的直流电源的功率的比值，用字母 η 表示，显然功率放大电路的转换效率越高越好，应尽量减小晶体管的损耗功率以提高转换效率。

（3）尽量减小非线性失真

功率放大电路工作在大信号状态下，有时信号会不可避免地进入非线性区域，产生非线性失真。为了增加输出功率，有时也允许在一定范围内存在较小失真，但是在不同场合下，对非线性失真的要求是不同的，例如，在电声设备和测量系统中，对非线性失真要求比较严格，因此要采取措施减小失真，使之满足性能要求。

（4）要有散热和保护措施

在功率放大电路中，有相当大的功率消耗在晶体管的集电结上，使结温和管壳温度升高。当结温升高到一定程度以后，就会导致晶体管损坏。为了充分利用允许的管耗而使晶体管输出足够大的功率，功放管的散热是一个很重要的问题，必须采用妥善的散热措施。另外，为了输出大的信号功率，晶体管承受的电压要高，通过的电流要大，此时功放管损坏的可能性也就比较大，所以，功放管的保护问题也不容忽视。

（5）用图解法分析

由于功率放大电路是在大信号下工作，因此，信号等效电路的分析方法已经不适用，通常采用图解法来分析和设计。

2. 功率放大电路的分类

3.2.1-2 功率放大电路的工作状态

按功率放大电路中功放管静态工作点 Q 在交流负载线上的位置不同，低频功率放大器可分为甲类、乙类、甲乙类工作状态。

（1）甲类功率放大电路

对于甲类功率放大电路，放大电路的静态工作点 Q 位置适中，在输入信号的整个周期内晶体管都处于导通状态，前面讨论的电压放大电路就属于甲类，如图 3-16a 所示。它的特点就是在整个信号周期内有电流流过，非线性失真小，静态电流大，管耗大，效率低。在理想情况下，甲类功率放大电路的效率最高也只能达到 50%。

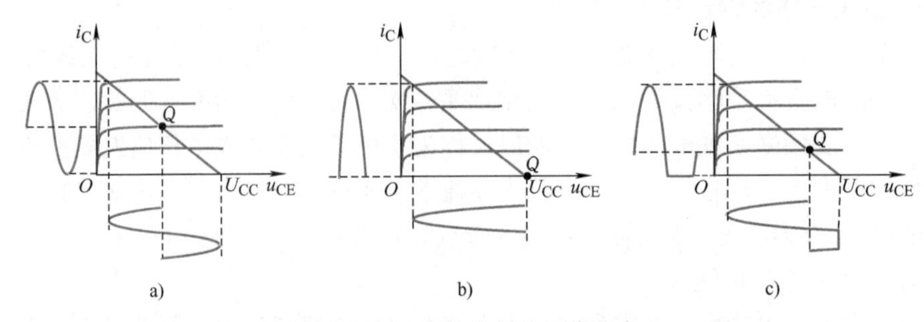

图 3-16　功率放大器的工作状态

a）甲类　b）乙类　c）甲乙类

（2）乙类功率放大电路

乙类功率放大电路的静态工作点 Q 设置在交流负载线的截止处，如图 3-16b 所示，在输入信号整个周期内，功放管仅在输入信号的正半周导通，i_C 波形只有半个波输出。由于几乎无静态电流，功率损耗最小，使效率大大提高，理想情况下效率可达 78.5%。对于乙类功率放大电路采用两个晶体管组合起来交替工作，则可以放大输出完整的全波信号。

（3）甲乙类功率放大电路

甲乙类功率放大电路的静态工作点 Q 介于甲类与乙类之间，一般略高于乙类，如图 3-16c 所示。功放管有不大的静态电流，在输入信号的整个周期内，在大于半个周期内有 i_C 流过功放管。它的波形失真情况和效率介于甲类和乙类之间，是实用的功率放大器经常采用的方式。

功率放大电路按电路形式来分，主要有变压器耦合功率放大器和互补推挽功率放大器。变压器耦合功率放大器是利用输出变压器实现阻抗匹配，以获得最大的输出功率，这类功率放大器由于体积大、质量重、成本高以及不能集成化等原因现已很少使用。互补推挽功率放大器是由射极输出器发展而来的，它不需要输出变压器，因其具有体积小、重量轻、成本低以及便于集成化等优点而被广泛使用。

3.2.2 互补对称功率放大电路

要高效率和基本不失真地输出尽可能大的信号功率，功放电路必须解决提高效率和减小非线性失真的矛盾，这需要在电路结构上采取措施。选择两只特性相同，但导电类型不同的晶体管，使它们工作在乙类状态，一只工作在信号的正半周期，另一只工作在信号的负半周期，在负载上将两个输出波形合成，得到一个完整的正弦波形，这就是互补对称功率放大器。目前使用最广泛的是无输出电容功率放大器（Output Capacitor Less），常称为 OCL 电路，以及无输出变压器功率放大器（Output Transformer Less），常称为 OTL 电路。

1. 乙类互补对称功率放大电路

（1）电路组成

乙类放大电路虽然提高了效率，但存在严重失真。实用中把两个乙类功放电路合并起来，如图 3-17 所示。VT_1和 VT_2是一对特性相同的 NPN、PNP 互补晶体管，两管参数要求基本一致，两管的发射极连在一起作为输出级，直接接负载电阻 R_L，两管都为共集电极接法。电路采用正负对称双电源供电，当电路对称时，输出端的静态电位为零。

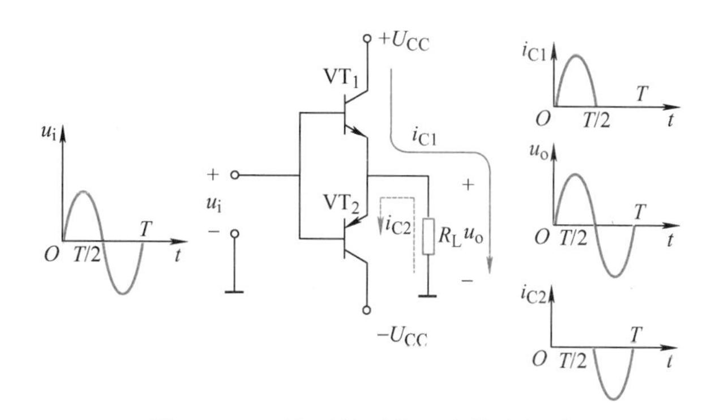

图 3-17　乙类互补对称功率放大电路

（2）工作原理

当输入信号 $u_i=0$ 时，电路处于静态，两管都不导通，静态电流为零，电源不消耗功率。

当 u_i为正半周时，VT_1导通，VT_2截止，电流 i_{C1}流经负载 R_L形成输出电压 u_o的正半周。

当 u_i为负半周时，VT_1截止，VT_2导通，电流 i_{C2}流经负载 R_L形成输出电压 u_o的负半周。

由此可见，VT1、VT2 实现了交替工作，正负电源供电。这种不同类型的两只晶体管交替工作，且均为发射极输出形式的电路称为“互补电路”，两只管子的这种交替工作方式称为“互补”工作方式，这种功放电路通常称为乙类互补对称功率放大电路，又称为 OCL 互补对称功率放大电路。

（3）主要参数计算

功率放大电路工作在大信号状态下，宜采用图解法分析。功率放大电路最重要的技术指标是电路的最大输出功率 P_{om}及效率 η，为了便于分析 P_{om}，将 VT_1和 VT_2的输出特性曲线组合在一起，如图 3-18 所示。图中Ⅰ区为 VT_1的输出特性，Ⅱ区为 VT_2的特性曲线。因为两个晶体管的静态电流很小，所以可以认为静态工作点在横轴上，如图 3-18 中所标的 Q 点，因而最大输出电压幅值为 $U_{CC}-U_{CES}$。根据以上分析，不难求出工作在乙类的互补对称功率放大电路的输出功率、直流电源供给的功率和效率、管耗等参数。

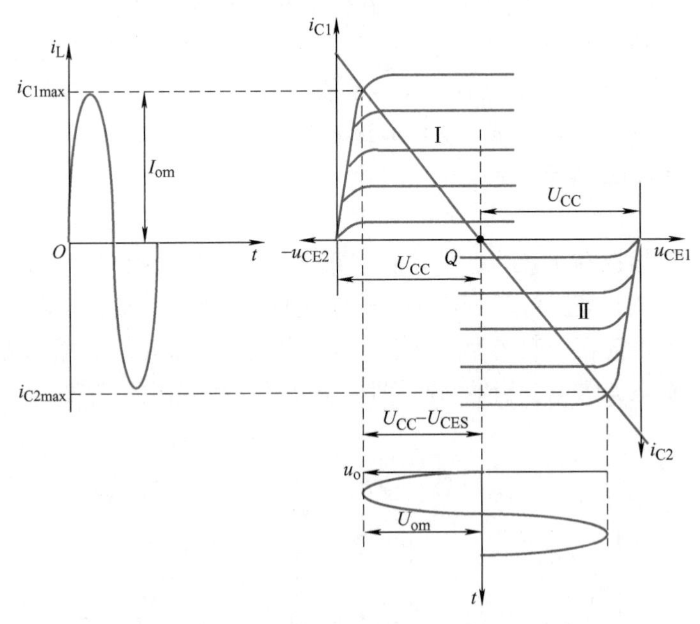

图 3-18　图解分析乙类互补对称功率放大电路

1）最大不失真输出功率 P_{om}。

设乙类互补对称功率放大电路输入为正弦波，由前面分析可知，电路输出电压最大幅值 U_{om} 为 $U_{CC}-U_{CES}$，则负载上的最大不失真功率为

$$P_{om}=\frac{(U_{om}/\sqrt{2})^2}{R_L}=\frac{(U_{CC}-U_{CES})^2}{2R_L} \tag{3-7}$$

理想情况下（$U_{CES}\approx 0$ 时），有

$$P_{om}\approx\frac{U_{CC}^2}{2R_L} \tag{3-8}$$

2）直流电源供给的最大平均功率 P_{Vm}。

由于乙类互补对称功率放大电路中晶体管的静态电流为零，所以直流电源提供的功率等于其平均电流与电源电压之积。每个电源只提供半个周期的电流，所以直流电源供给的最大平均功率为

$$\begin{aligned}P_{Vm}&=2U_{CC}\times\frac{1}{2\pi}\int_0^{\pi}I_{om}\sin\omega t\mathrm{d}(\omega t)=\frac{U_{CC}}{\pi}\int_0^{\pi}\frac{U_{om}}{R_L}\sin\omega\tau\mathrm{d}(\omega t)\\&=\frac{U_{CC}}{\pi}\int_0^{\pi}\frac{U_{CC}-U_{CES}}{R_L}\sin\omega t\mathrm{d}(\omega t)=\frac{2}{\pi}\frac{U_{CC}(U_{CC}-U_{CES})}{R_L}\end{aligned} \tag{3-9}$$

理想情况下，直流电源供给的最大平均功率为

$$P_{Vm}\approx\frac{2U_{CC}^2}{\pi R_L}=\frac{4}{\pi}P_{om} \tag{3-10}$$

3）效率 η。

效率是负载获得的功率 P_o 与直流电源提供的功率 P_V 之比。

$$\eta=\frac{P_o}{P_V} \tag{3-11}$$

理想情况下，电路的最大效率为

$$\eta_m=\frac{P_{om}}{P_{Vm}}=\frac{\pi}{4}\cdot\frac{U_{CC}-U_{CES}}{U_{CC}}\approx\frac{\pi}{4}\approx78.5\% \tag{3-12}$$

这个结果是在输入信号足够大，忽略了晶体管饱和电压降 U_{CES} 的情况下得到的，实际效率要低于此值。

4）晶体管的管耗 P_T。

在功率放大电路中，电源提供的功率除了转换为输出功率外，其余部分主要消耗在晶体管上，晶体管所损耗的功率为

$$P_T=P_V-P_o=\frac{2U_{CC}U_{om}}{\pi R_L}-\frac{U_{om}^2}{2R_L} \tag{3-13}$$

当输入电压等于零时，由于集电极电流很小，所以晶体管的损耗很小；当输入电压最大时，由于管压降很小，此时晶体管的损耗也很小。可见，输入电压最大和最小时都不会出现管耗最大的情况。可用 P_T 对 U_{om} 求导的办法找出最大值 P_{Tm}，可以证明在理想状态下，当输入电压峰值 $U_{om}\approx0.64U_{CC}$ 时，管耗最大，将 $U_{om}\approx0.64U_{CC}$ 代入 P_T 表达式，可得 P_{Tm} 为

$$\begin{aligned}P_{Tm}&=P_{Vm}-P_{om}=\frac{2U_{CC}\times0.64U_{CC}}{\pi R_L}-\frac{(0.64U_{CC})^2}{2R_L}=\frac{2.56U_{CC}^2}{\pi 2R_L}-\frac{0.64^2U_{CC}^2}{2R_L}\\&\approx0.8P_{om}-0.4P_{om}=0.4P_{om}\end{aligned} \tag{3-14}$$

则每只晶体管的最大管耗为

$$P_{T1m}=P_{T2m}\approx0.2P_{om} \tag{3-15}$$

5）功放管的选择。

由以上分析可知，若想得到最大输出功率，功放管的参数必须满足下列条件。

① 每只功放管的最大允许管耗 $P_{CM}>0.2P_{om}$。

② 每只功放管 C、E 间的反向击穿电压 $|U_{(BR)CER}|>2U_{CC}$。

③ 每只功放管的最大允许集电极电流 $I_{CM}>U_{CC}/R_L$。

【例 3-4】 乙类互补对称功率放大电路中（忽略晶体管的饱和电压降），电源电压 $U_{CC}=12V$，负载 $R_L=12\Omega$，试估算 P_{om}、P_{Vm}、η_m、P_{Tm1}，并说明功放电路对功放管的要求。

解： 1）由于忽略了晶体管的饱和电压降，功率放大电路最大不失真输出功率为

$$P_{om}\approx\frac{U_{CC}^2}{2R_L}=\frac{12^2}{2\times12}W=6W$$

2）直流电源提供的最大平均功率为

$$R_{Vm}\approx\frac{2U_{CC}^2}{\pi R_L}=\frac{2\times12^2}{\pi\times12}W\approx7.64W$$

3）电路的最大效率为

$$\eta_{\mathrm{m}}=\frac{P_{\mathrm{om}}}{P_{\mathrm{Vm}}}=\frac{6}{7.64}\approx 78.53\%$$

4）最大管耗为

$$P_{\mathrm{Tm}}\approx 0.4P_{\mathrm{om}}=0.4\times 6\mathrm{W}=2.4\mathrm{W}$$

$$P_{\mathrm{T1m}}=P_{\mathrm{T2m}}\approx 0.2P_{\mathrm{om}}=0.2\times 6\mathrm{W}=1.2\mathrm{W}$$

5）功放管的选择。

① 为了保证功放管不损坏，要求功放管的集电极最大允许损耗功率 P_{CM} 为

$$P_{\mathrm{CM}}>0.2P_{\mathrm{om}}=0.2\times 6\mathrm{W}=1.2\mathrm{W}$$

② 为了保证功放管不致被反向电压所击穿，要求每只功放管 C、E 间的反向击穿电压为

$$|U_{(\mathrm{BR})\mathrm{CER}}|>2U_{\mathrm{CC}}=2\times 12\mathrm{W}=24\mathrm{W}$$

③ 每只功放管的最大允许集电极电流为

$$I_{\mathrm{CM}}>U_{\mathrm{CC}}/R_{\mathrm{L}}=12/12\mathrm{A}=1\mathrm{A}$$

2. 甲乙类互补对称功率放大电路

（1）乙类互补对称功率放大电路的交越失真

乙类互补对称功率放大电路效率高，但是由于功放管没有直流偏置，静态时 $I_{\mathrm{C}}=0$，晶体管的输入特性存在死区电压，硅管约为0.5V，锗管约为0.1V，当输入信号 u_{i} 低于这个数值时，两个管子截止，负载 R_{L} 上无电流流过，出现一段死区，如图3-19所示，这种现象称为交越失真。

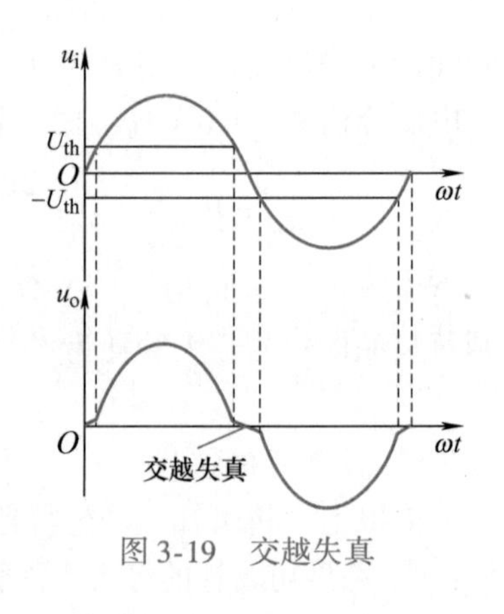

图3-19　交越失真

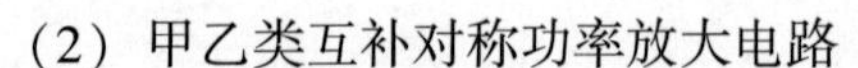

（2）甲乙类互补对称功率放大电路

为了克服交越失真，可给两个互补管的发射结设置一个很小的正向偏置电压，使它们在静态时处于微导通状态，从而减小了交越失真，又使功放管工作在接近乙类的甲乙类状态，效率仍然很高。如图3-20所示。实际电路中，静态电流通常取得很小，所以这种电路仍可以用乙类互补对称功率放大电路的有关公式近似估算输出功率和效率等指标。

图3-20a所示电路中，$\mathrm{VT_1}$ 与 $\mathrm{VT_2}$ 基极接入二极管 $\mathrm{VD_1}$ 与 $\mathrm{VD_2}$，静态时 $\mathrm{VD_1}$、$\mathrm{VD_2}$ 两端有一定的正向电压，给 $\mathrm{VT_1}$、$\mathrm{VT_2}$ 提供一个合适正向偏置，使两管处于微导通状态。当有输入信号时，由于 $\mathrm{VD_1}$、$\mathrm{VD_2}$ 的动态电阻小，可视为短路。由于两管特性互补，电路对称，所以静态时负载 R_{L} 上无电流流过。当有信号输入时，可使放大电路在零点附近仍能基本上得到线性放大，即 u_{o} 与 u_{i} 呈线性关系。此时电路工作在甲乙类状态，但为了提高转换效率，在设置偏置时，应尽可能接近乙类状态。

图3-20a的功放虽然可以克服交越失真，但是偏置电压不易调整，给实际应用带来不便，为了解决这个问题，可以采用图3-20b所示的 U_{BE} 倍增电路作为偏置的甲乙类互补对称功放。

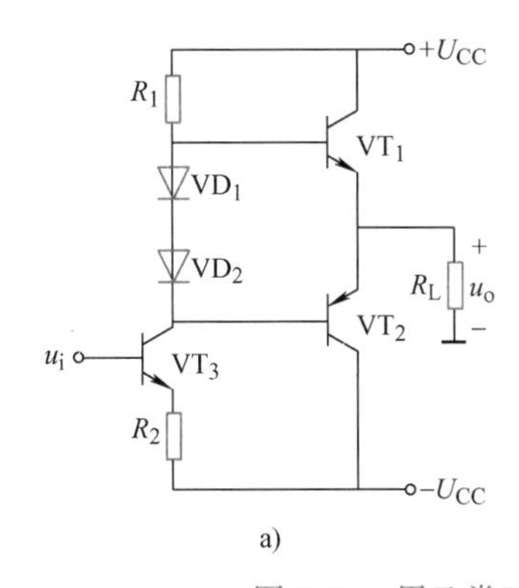

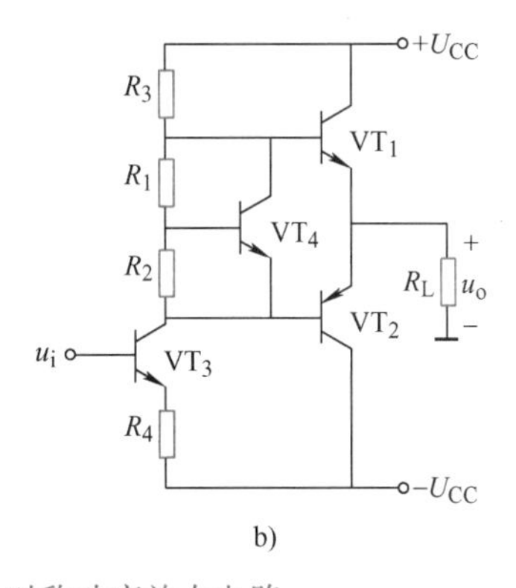

图 3-20　甲乙类互补对称功率放大电路

a）利用二极管进行偏置电路　b）利用 U_{BE} 倍增电路作偏置电路

图 3-20b 中，VT_4、R_1 和 R_2 构成具有恒压特性的偏置电路，当 VT_4 处于放大状态时，U_{BE4} 近似为一常数，若 VT_4 的基极电流远小于流过 R_1 和 R_2 的电流，则有

$$U_{CE4} \approx \frac{U_{BE4}}{R_2}(R_1 + R_2)$$

U_{CE4} 用以供给 VT_1、VT_2 两管的偏置电压。由于 U_{BE4} 基本为一固定值，只要适当选择 R_1 和 R_2 的阻值就能得到 U_{BE4} 任意倍数的直流电压，所以称为 U_{BE} 倍增电路。由于上述电路具有恒压特性，所以它对交流近似短路，从而保证加到 VT_1 和 VT_2 基极的正、负半周信号的幅度相等。

3. 单电源互补对称功率放大电路

双电源互补对称功率放大电路采用双电源供电，但某些场合往往给使用者带来不便。为此，可采用图 3-21 所示单电源供电的甲乙类互补对称功率放大电路，又称 OTL 电路。

图 3-21 中，VT_3 是前置放大级，VT_1、VT_2 组成互补对称输出级，VD_1、VD_2 保证电路工作于甲乙类状态。在没有输入信号时，一般只要 R_1、R_2 取值适当，就可以给 VT_1、VT_2 提供一个合适的偏置，从而使 E 点直流电位为 $U_{CC}/2$。电容 C 两端静态电压也为 $U_{CC}/2$，由于 C_L 的容量很大，满足 $R_LC_L > T$（信号周期），因此有交流信号时，电容 C_L 两端电压也基本不变，它相当于一个电压为 $U_{CC}/2$ 的直流电源。此外，C_L 还有隔直通交的耦合作用。

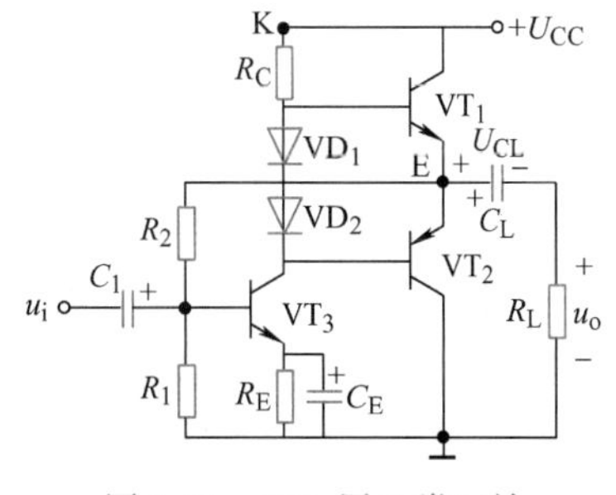

图 3-21　OTL 甲乙类互补对称功率放大电路

当输入正弦信号 u_i 时，在负半周，VT_3 输出正半周，VT_1 导通，VT_2 截止，有电流流过负载 R_L，同时向 C_L 充电；在正半周时，VT_1 截止，VT_2 导通，此时 C_L 起着电源的作用，通过负载 R_L 放电。电容 C_L 和一个电源 U_{CC} 起到了原来的

$+U_{CC}$和$-U_{CC}$两个电源的作用，但其电源电压应等效为$U_{CC}/2$。显然，对于OCL互补对称功率放大电路的计算，也可以按照前面导出的计算P_{om}、P_{Vm}、P_{Tm}的公式进行，但要将前面各公式的U_{CC}换成$U_{CC}/2$。

【例3-5】 电路如图3-21所示，若$U_{CC}=24V$，$U_{CES}=1V$，$R_L=8\Omega$。计算P_{om}和η_m。

解： 1）求P_{om}。

$$P_{om}=\frac{(U_{CC}/2-U_{CES})^2}{2R_L}=\frac{(24/2-1)^2}{2\times8}W\approx7.56W$$

2）求η_m。

$$\eta_m=\frac{P_{om}}{P_{Vm}}=\frac{\pi}{4}\cdot\frac{U_{CC}/2-U_{CES}}{U_{CC}/2}=\frac{\pi}{4}\cdot\frac{24/2-1}{24/2}\approx72\%$$

图3-21所示的OTL电路存在最大输出电压幅值偏小的问题。当u_i为正半周最大值时，VT_1截止，VT_2接近饱和导通，E点电位由静态时的$U_{CC}/2$下降到U_{CES}，所以负载上得到最大负向输出电压幅值为$U_{CC}/2-U_{CES}\approx U_{CC}/2$。当$u_i$为负半周最大值时，理想上，$VT_2$截止，$VT_1$接近饱和导通，E点电位由静态时的$U_{CC}/2$上升到接近$U_{CC}$，负载上得到最大正向输出电压幅值为$U_{CC}/2$，但实际上却达不到。因为$R_C$产生的电压降使$u_{B1}$下降，$i_{B1}$的增加受到限制，从而使$VT_1$达不到饱和导通，于是负载上的最大正向电压幅值明显小于$U_{CC}/2$。

解决上述矛盾的措施是把图3-21中K点的电位升高，以保证输入信号负半周时，VT_1接近饱和导通，于是负载上的最大正向电压幅值近似为$U_{CC}/2$。为此可以采用带自举的OTL电路，如图3-22所示。图中R、C组成自举电路，由于电容C的容量很大，在信号的整个周期内，可近似认为电容两端的电压$U_C=U_{CC}/2-I_CR$，保持不变，u_i负半周时，VT_1导通，$u_K=U_C+u_E$，随着u_E的升高，u_K也自动升高，这就是自举的含义，称C为自举电容。显然，u_i为负半周最大值时，u_K将大于U_{CC}，所以有足够大的i_{B1}使VT_1饱和导通，从而使最大输出电压幅值接近$U_{CC}/2$。

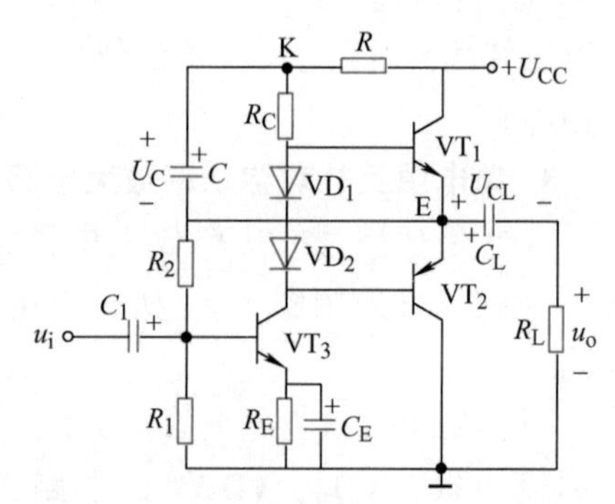

图3-22 带自举的OTL甲乙类互补对称功率放大电路

4. 准互补对称功率放大电路

互补对称放大电路要求输出管为一对特性相同的异型管，这往往很难实现，在实际电路中常采用复合管来实现异型管子的配对，这种用复合管组成的互补对称电路称为准互补对称功率放大电路。

（1）复合管

所谓复合管，就是由两只或两只以上的晶体管按照一定的连接方式，组成一只等效的晶体管，又称达林顿管。它有两种连接方式：一是由两只同类型管子构成，如图3-23a所示；二是由不同类型的两只管子构成，如图3-23b所示。

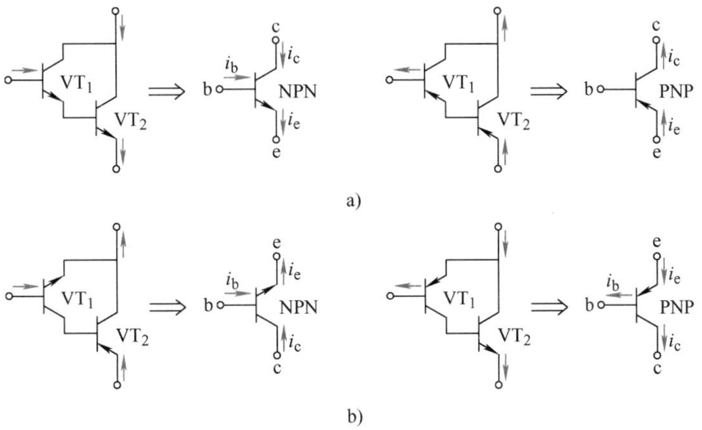

VT_1 VT_2 ⟹ b i_b c i_c NPN i_e e　　VT_1 VT_2 ⟹ b c i_c PNP i_e e

a)

VT_1 VT_2 ⟹ b i_b e i_e NPN i_c c　　VT_1 VT_2 ⟹ b i_b e i_e PNP i_c c

b)

图 3-23　复合管

a）同类型管构成的复合管　b）不同类型管构成的复合管

复合管的构成原则及特点如下。

1）把两只晶体管连接成复合管，须保证每只管子各级电流都能顺着各个管子的正常工作方向流动，且复合管各极电流要满足等效晶体管的电流分配关系。

2）复合管的管型和电极性质与第一个晶体管相同。

3）复合管的电流放大倍数 $\beta \approx \beta_1 \beta_2$。

（2）准互补对称功率放大电路

由复合管组成的准互补对称功率放大电路如图 3-24 所示，图中 VT_2、VT_3 同型复合等效为 NPN 型管，VT_4、VT_5 异型复合等效为 PNP 型管。VD_1、VD_2、VD_3、R_2 构成输出偏置电路，用以克服交越失真。VT_3、VT_5 管发射极电阻 R_7、R_8 具有直流负反馈作用，除了用来提高电路工作的稳定性外，还具有过电流保护作用。VT_4 管发射极电阻 R_5 是 VT_2、VT_4 管的平衡电阻，可保证 VT_2、VT_4 管的输入电阻对称。R_4、R_6 为穿透电流的泄放电阻，用以减小复合管的穿透电流，提高复合管的温度稳定性。VT_1、R_{B1}、R_{B2} 等组成前置电压放大级，R_{B1} 接至输出端 E 点，构成负反馈，可提高电路工作点的稳定性。

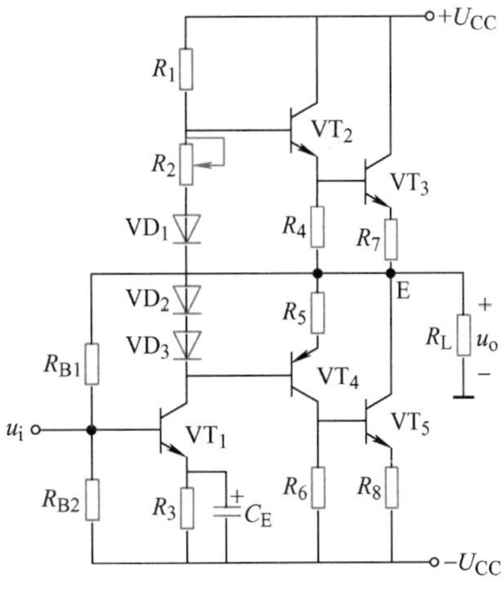

$+U_{CC}$ R_1 R_2 VD_1 VD_2 VD_3 R_{B1} R_{B2} u_i VT_1 R_3 C_E VT_2 VT_3 R_4 R_7 E R_5 VT_4 VT_5 R_6 R_8 R_L u_o $-U_{CC}$

图 3-24　准互补对称功率放大电路

5. BTL 功率放大电路

OCL 和 OTL 两种功放电路的效率虽很高，但是它们的缺点就是电源的利用率都不高，其主要原因是在输入正弦信号时，在每半个信号周期中，电路只有一个晶体管和一个电源在工作。为了提高电源的利用率，也就是在较低电源电压的作用下，使负载获得较大的输出功率，一般采用平衡式无输出变压器电路，又称为 BTL 电路，如图 3-25 所示。

由图 3-25 可知，此电路实际是两个互补对称电路组成的差分结构。静态时，由于 4 个晶体管的参数对称，$u_{o1}=u_{o2}$，因此输出电压 $u_o=0$。其中一个放大器的输出是另外一个放大器的镜像输出，也就是说加在负载两端的信号仅在相位上相差 180°。负载上将得到原来单端输出的两倍电压。从理论上来讲电路的输出功率将增加 4 倍。BTL 电路能充分利用系统电压，因此 BTL 结构常应用于低电压系统或电池供电系统中。

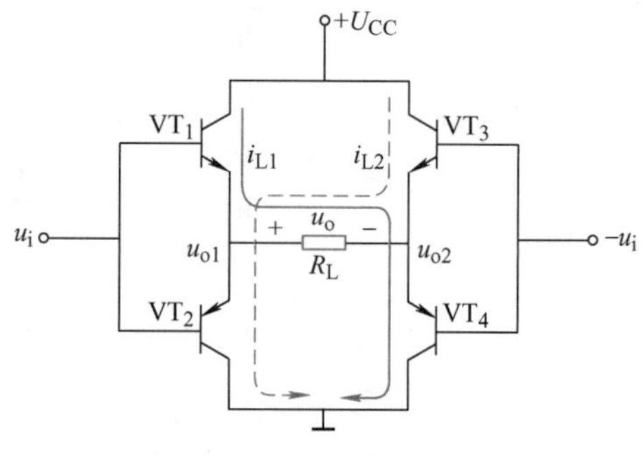

图 3-25　BTL 功率放大电路

❖ 实操训练

1. 明确任务

1）仪器和器材（查学习工作页）。

2）技能训练电路图（查学习工作页）。

3）内容和步骤（查学习工作页）。

2. 电路的制作

本电路将在面包板上完成连接或万能板上焊接。

3. 电路调试

1）调试静态工作点。

2）分别测量加自举功率放大电路与不加自举功率放大电路的输出功率，并计算电路效率，观察两种情况下电路输出功率与电路效率的差别。

3）观察交越失真的波形，然后加上改善措施，观察输出交越失真的改善情况。

4. 职业素养培养

1）完成工作任务的过程中，所有操作都应符合安全操作规程；仪器、仪表使用规范、安全。

2）工具摆放整齐，符合职业岗位要求；使用规范，符合安全要求。

3）搭建电路的模块布局合理，不产生干扰，不存在安全隐患。

4）包装物品、导线线头等的处理符合职业岗位的要求，保持工位的整洁。

5）遵守纪律，尊重团队成员，爱惜实验室的设备和器材。

5. 评价

任务评价主要采用过程评价，以自评、互评和教师评价相结合的方式进行。

❖ 课后习题

1. 对功率放大电路的主要要求是什么？它与电压放大器相比有什么特点？
2. 甲类、乙类和甲乙类放大电路中，晶体管的工作状态有什么特点？
3. 何谓交越失真？产生的原因是什么？怎样消除交越失真？

4. 填空题

1）甲类功放输出级电路的缺点是________，乙类功放输出级的缺点是________，故一般功放电路输出级应工作在________状态。

2）甲类功放最高效率为________，乙类功放最高效率为________。

3）OCL 电路是________电源互补功放，OTL 电路是________电源互补功放。

4）甲乙类互补功率放大电路，可以消除________类互补功率放大电路的________失真。

5. 电路如图 3-26 所示，电源电压为 12V，负载电阻为 8Ω，若 $U_{CES}=1V$，求电路的最大不失真输出功率，直流电源供给的功率，晶体管管耗和效率。

6. 电路如图 3-26 示，若 U_{CES} 可以忽略不计，晶体管 $P_{CM}=5W$，负载电阻为 4Ω，为使电路能安全工作，求电源电压 U_{CC}。

7. 电路如图 3-27 所示，其中 $R_L=16\Omega$，C 容量很大。

1）若 $U_{CC}=12V$，U_{CES} 可以忽略不计，试求 P_{om} 与 P_{Tm1}。

2）若 $P_{om}=2W$，$U_{CES}=1V$，求管子的参数 P_{CM}、I_{CM}、$|U_{(ER)CEO}|$。

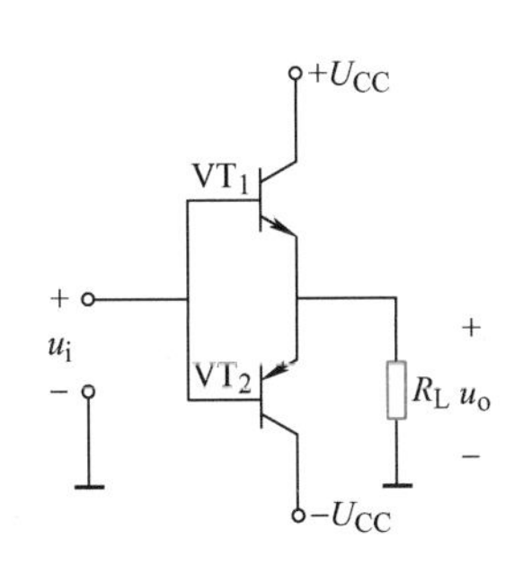

图 3-26　习题 5、6 电路图

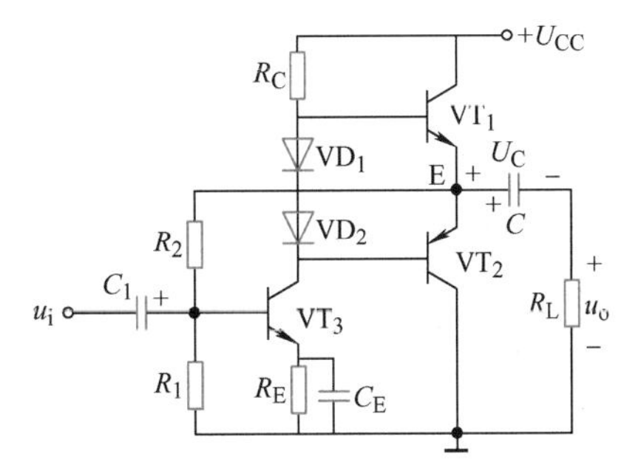

图 3-27　习题 7 电路图

任务 3.3　集成功率放大器

任务3.3　集成功率放大器

❖ 知识链接

3.3.1　集成功率放大器概述

集成功率放大电路（简称集成功放）广泛用于音响、电视和小电动机的驱动方面，集成功放是在集成运算放大器的电压互补输出级后，加入互补功率输出级而构成的。大多数集成功率放大电路实际上也就是一个具有直接耦合特点的运算放大器。它的使用原则与集成运算放大器相同。

集成功放内部电路一般也由输入级、中间级、输入级及偏置电路等组成。输出级一般采用甲乙类互补对称功放，输出功率大，效率高。为了保护器件在大功率状态下安全可靠工作，集成功放中还常设有过电流、过电压、过热保护电路等。

随着集成电路技术的发展，目前已生产出多种型号的集成音频功放，它们都是采用互补电路。与分立元件功放相比具有体积小，电源电压工作范围宽，外接元件少，调整方便，价格便宜等优点。下面举例介绍几种典型芯片的典型应用。

3.3.2 LM386 集成功率放大器及其应用

LM386 是目前应用较广的一种音频集成功率放大电路，具有频响宽、功耗低、电压增益可调、适用的电源电压范围宽、外接元件少等优点，因而广泛应用于收音机、录音机和对讲机中，尤其适宜需要电池供电的小功率音频电路中。其典型参数为：直流电源电压范围为 4 ~ 12V；常温下最大允许管耗为 660mW；输出功率典型值为数百毫瓦，最大可达数瓦；静态电源电流为 4mA；电压放大倍数在 20 ~ 200 之间可调；带宽为 300kHz（引脚 1 和引脚 8 之间开路时）；输入阻抗为 50kΩ。

1. LM386 内部电路及引脚功能

（1）LM386 内部电路

LM386 内部电路原理图如图 3-28 所示，主要包括差分输入级、中间级和互补功放输出级。图 3-28 中，VT_1 ~ VT_6，R_1 ~ R_6组成差分输入级；VT_1、VT_2和 VT_3、VT_4分别构成复合管，作为差分电路的放大管；VT_5、VT_6组成镜像电流源，作为 VT_3的有源负载；信号从 VT_1、VT_4的基极输入，从 VT_3的集电极输出到中间级。VT_7和电流源 I 组成中间放大级，构成共射有源负载放大器。准互补放大器构成输出级，VT_8、VT_9构成等效的 PNP 型复合管，VD_1、VD_2为输出级提供合适的偏流，用以消除交越失真。该电路是 OTL 电路，从引脚 5 经过一个外接电容与负载相连。电阻 R_7从输出级接到 VT_3的发射极，构成反馈通路，并与 R_5、R_6构成反馈网络，引入深度电压串联负反馈，使电路的电压放大倍数稳定。通过引脚 1 和引脚 8 外接电阻 R 可以调节其电压放大倍数。

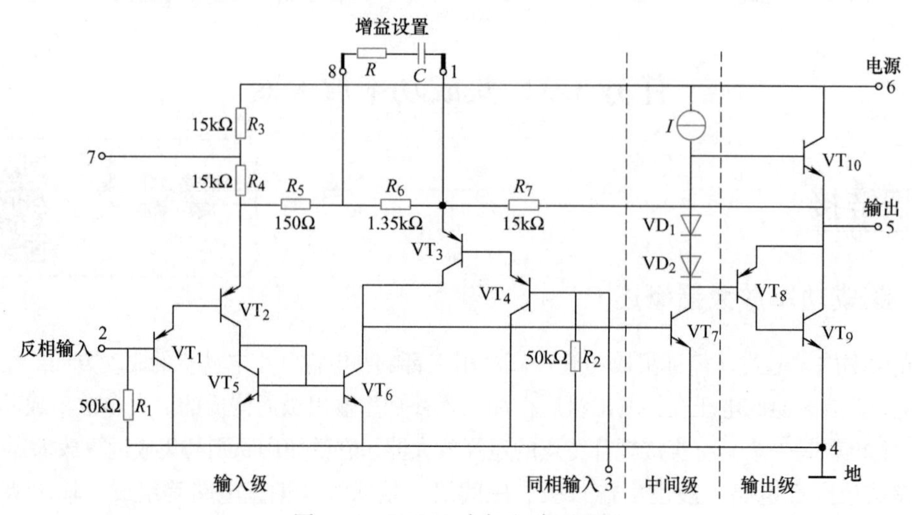

图 3-28 LM386 内部电路原理图

（2）LM386 引脚功能

LM386 引脚功能图如图 3-29 所示。其中，引脚 2 为反相输入端，引脚 3 为同相输入端，引脚

5 为输出端，引脚6 和引脚4 分别为电源和地，引脚1 和引脚8 为电压增益调节端。使用时，引脚7 和地之间接旁路电容，与 R_3 组成去耦电路，一般取 $C = 10\mu F$，其电压放大倍数为 20 ~ 200。

2. LM386 典型应用电路

（1）电压放大倍数为 20 的应用电路

LM386 电压放大倍数为 20 的应用电路如图 3-30 所示，C_1 为输出电容，引脚 1 和引脚 8 开路，电压放大倍数仅为20，利用电位器 RP 可以调节扬声器的音量，R 和 C_2 构成阻抗校正网络，对扬声器的感性负载进行相位补偿，防止电路自激。

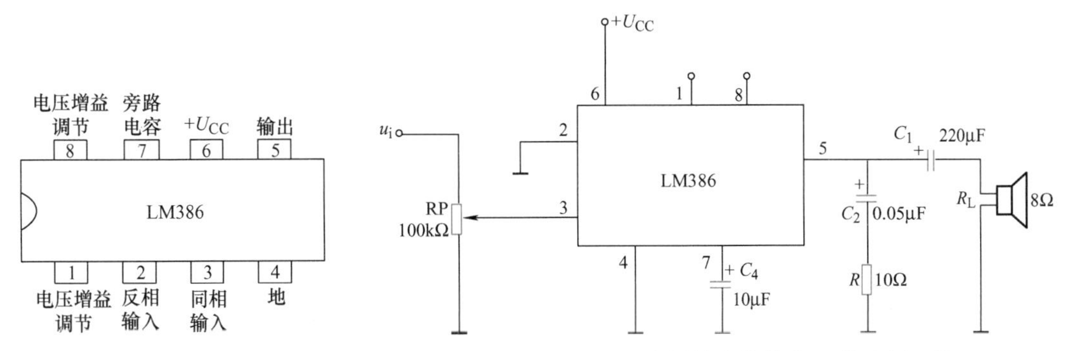

图 3-29　LM386 引脚功能图　　图 3-30　LM386 电压放大倍数为 20 的应用电路

（2）电压放大倍数为 50 的应用电路

LM386 电压放大倍数为 50 的应用电路如图 3-31 所示，在引脚 1 和引脚 8 间接入 R_2、C_3，通过改变 R_2 即可改变 A_{uf}，如图参数对应电压放大倍数为 50。

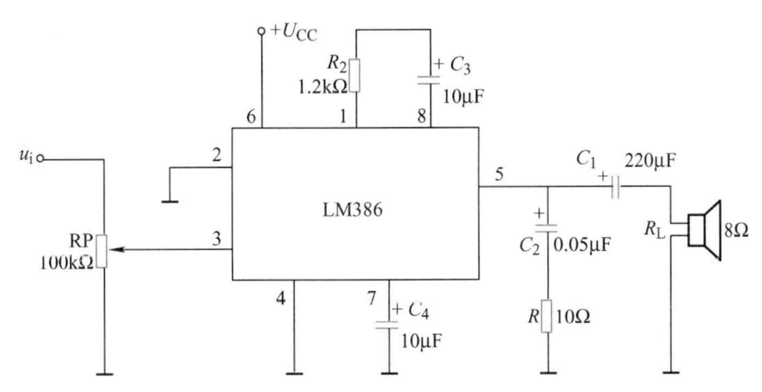

图 3-31　LM386 电压放大倍数为 50 的应用电路

（3）电压放大倍数最大的应用电路

LM386 电压放大倍数最大的应用电路如图 3-32 所示，图中除了基本用法中所需的外接元件外，多加了 C_3 使引脚 8 和引脚 1 在交流通路中短路，使 $A_{uf} = 200$。

3.3.3　TDA2040 集成功率放大器及其应用

TDA2040 集成功率放大器内部有独特的短路保护系统，可以自动限制功耗，从而保证

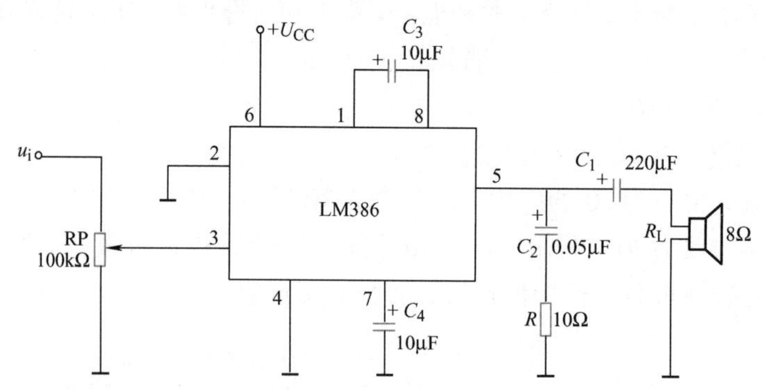

图 3-32　LM386 电压放大倍数最大的应用电路

输出晶体管始终处于安全区域。此外，TDA2040 内部还设置了过热关机等保护电路，使集成电路具有较高可靠性。

TDA2040 采用单列 5 引脚封装，其引脚排列如图 3-33 所示。它的主要参数为：电源电压为 ±2.5 ~ ±20V；开环增益为 80dB；功率带宽为 100kHz；输入电阻为 50kΩ；当负载为 4Ω 时，输出功率可达 22W；失真度仅为 0.5%。TDA2040 的应用比较灵活，既可以采用双电源供电构成 OCL 电路，也可以采用单电源供电构成的 OTL 电路。

TDA2040 采用双电源供电的功率放大电路如图 3-34 所示。电路在 ±16V 电源电压，R_L 为 4Ω 的情况下，输出功率大于 15W，失真度小于 0.5%。R_2 和 R_3 构成负反馈，使电路的闭环增益为 30dB。R_4、C_7 构成频率补偿电路，改善放大电路的高频特性。C_3 ~ C_6 为电源滤波电容，用以防止电源引线太长时造成放大电路低频自激。

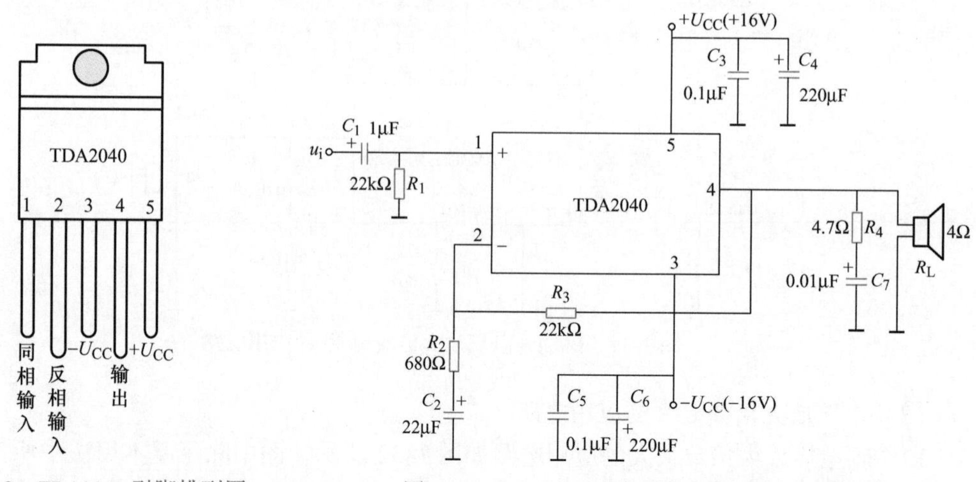

图 3-33　TDA2040 引脚排列图　　　　图 3-34　TDA2040 双电源供电的功率放大电路

TDA2040 采用单电源供电的功率放大电路如图 3-35 所示。电源电压 U_{CC} 经 R_1 和 R_2 的分压，通过 R_3 给集成电路引脚 1 加上 $U_{CC}/2$ 的直流电压，此时输出端引脚 4 的直流电压为 $U_{CC}/2$。R_4 与 R_5 构成交流负反馈，使电路闭环增益为 30dB。C_7 为输出电容。

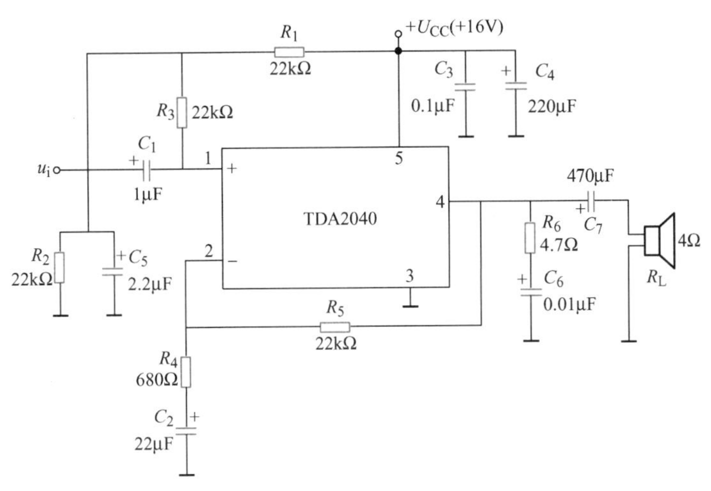

图 3-35　TDA2040 单电源供电的功率放大电路

3.3.4　TDA1521 集成功率放大器及其应用

TDA1521 是双通道集成功率放大器，它具有输出功率大，失真小，通道平衡度好，带有过热和短路保护，在电源通断时具有静噪功能等优点，特别适合作为立体音响设备左、右两个声道的功率放大器。TDA1521 典型参数为：直流电源为 ±7.5 ~ ±20V；空载时静态电流为 50mA；输出功率为 12W；电压增益为 30dB；输入电阻为 20kΩ；通道分离度为 70dB。

TDA1521 内部电路结构和典型应用电路如图 3-36 所示。图 3-36 中，两个通道的功率放大器构成 OCL 电路，输出电压经 220nF 的隔直耦合电容加到各通道的输入端，输出端直接接至扬声器负载。输出端所接的 22nF 电容与 8.2Ω 电阻串联支路为相位补偿，用以防止自激；C_3、C_4和 C_7均为电源去耦电容。使用时，应给 TDA1521 外接散热器，散热器应与负电源相连。

3.3.5　集成功率放大器使用注意事项

目前国产和进口的集成功放型号繁多，性能参数及使用条件各不相同，为了全面发挥元器件的功能，并确保元器件安全可靠地工作，在实践使用中应注意以下几点。

1. 合理选择品种和型号

元器件品种和型号的选择主要依据电路对功率放大级的要求，使所选用元器件主要性能指标能满足电路要求，同时要求在任何情况下，元器件所有极限参数都不会超出，而且还要留有足够的余量，否则使用中有可能造成元器件失效或者使电路性能变差，形成隐患，缩短使用寿命。实际应用中一般可采用手册中所提供的典型电路及其元器件参数，并尽量采用手册所推荐的工作条件。

2. 合理安置元器件及布线

由于功率放大器处于大信号工作状态，在接线中元器件分布排线走向若不合理，将极容易产生自激或放大器工作不稳定，严重时甚至无法正常工作。

功率器件应安置在电路通风良好的部位，并远离前置放大级及耐热性能差的元器件

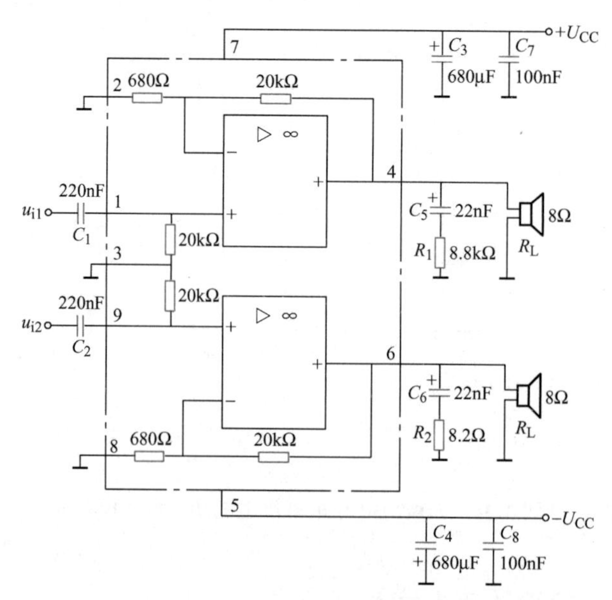

图 3-36　TDA1521 内部电路结构和典型应用电路

（如电解电容）；电路接地线要尽量短而粗，需要接地的引出端要尽量做到一点接地，接地端应与输出回路负载接地端靠在一起。

3. 合理选用散热装置

改善散热条件，可使元器件承受更大的耗散功率，通常采用的散热措施就是给功率器件加装散热器。特别是中、大功率器件，必须按手册要求加装散热器方能正常工作。散热器是由铜、铝等导热性能良好的金属材料制成，并有各种规格成品可选用。

❖ 实操训练

1. 明确任务

1）仪器和器材（查学习工作页）。

2）技能训练电路图（查学习工作页）。

3）内容和步骤（查学习工作页）。

2. 电路的制作

（1）电路的焊接

元器件经过测试合格后，再进行插焊，焊接时按先焊接小元器件，后焊接大元器件的原则进行操作。元器件应尽量贴着底板，按照元器件清单和电路原理图进行插件、焊接，特别要注意电解电容和晶体管的引脚位，不可混淆，集成电路的各引脚不能接错，散热片应正确安装和稳固。焊接时应选用尖烙铁头进行焊接，如果一次焊接不成功，应等冷却后再进行下一次焊接，以免烫坏电路板造成铜箔脱皮，焊完后应反复检查有无虚、假、漏、错焊，有无拖锡短路造成的故障。

为保证无虚焊，所有元器件外引线都必须进行镀锡处理。焊接时要保证无虚焊和漏焊，接线不要交叉并尽量短。元器件均要按规范要求成型装配。

（2）附件：元器件清单（见表3-1）

表3-1　双声道音频功率放大器元器件清单

编　号	元件名称	型号规格	数　量	位　号
1	电阻	RT14－1/4W－1Ω	2	R_{119}、R_{219}
2	电阻	RT14－1/4W－470Ω	4	R_{104}、R_{107}、R_{204}、R_{207}
3	电阻	RT14－1/4W－1k5	4	R_{101}、R_{111}、R_{201}、R_{211}
4	电阻	RT14－1/4W－2k7	4	R_{106}、R_{110}、R_{206}、R_{210}
5	电阻	RT14－1/4W－4k7	6	R_{112}、R_{113}、R_{117}、R_{212}、R_{213}、R_{217}
6	电阻	RT14－1/4W－12kΩ	4	R_{108}、R_{109}、R_{208}、R_{209}
7	电阻	RT14－1/4W－22kΩ	2	R_{102}、R_{202}
8	电阻	RT14－1/4W－33Ω	2	R_{105}、R_{205}
9	电阻	RT14－1/4W－100kΩ	6	R_{114}、R_{115}、R_{116}、R_{214}、R_{215}、R_{216}
10	电阻	RT14－1/4W－120kΩ	2	R_{118}、R_{218}
11	电阻	RT14－1/4W－680kΩ	2	R_{103}、R_{203}
12	电位器	50kΩ（双连电位器）	3	RP_1、RP_2、RP_3
13	瓷介电容	CC1－2200μF	2	C_{104}、C_{204}
14	瓷介电容	CC1－0.01μF	2	C_{106}、C_{206}
15	瓷介电容	CC1－0.022μF	2	C_{105}、C_{205}
16	瓷介电容	CC1－0.1μF	11	C_1、C_2、C_3、C_4、C_5、C_{107}、C_{114}、C_{112}、C_{207}、C_{214}、C_{212}
17	电解电容	CD11－16V－0.47μF	2	C_{101}、C_{201}
18	电解电容	CD11－16V－1μF	2	C_{102}、C_{202}
19	电解电容	CD11－16V－2.2μF	2	C_{111}、C_{211}
20	电解电容	CD11－16V－10μF	2	C_{109}、C_{209}
21	电解电容	CD11－16V－22μF	2	C_{110}、C_{210}
22	电解电容	CD11－16V－100μF	2	C_{103}、C_{203}
23	电解电容	CD11－16V－470μF	2	C_{108}、C_{208}
24	电解电容	CD11－25V－1000μF	2	C_{115}、C_{215}
25	电解电容	CD11－16V－2200μF	2	C_{113}、C_{213}
26	电解电容	CD11－25V－2200μF	1	C_6
27	二极管	1N4007	8	VD_1、VD_2、VD_3、VD_4、VD_{101}、VD_{102}、VD_{201}、VD_{202}
28	晶体管	9013	2	VT_{101}、VT_{201}
29	集成块	TDA2030	2	U_{101}、U_{201}
30	针座	2P	5	Z_1、Z_2、Z_3、Z_4、Z_5
31	热缩管	大、小	11	大3、小8
32	镀银线		各1	J_1：5mm、J_2：10mm
33	散热片		1	40mm×100mm
34	线路板	106mm×107mm	1	
35	螺钉、螺母	M3×10 细纹	2	带垫圈

3. 电路调试

（1）测量静态工作点（下面为参考数据）

电路图参照学习工作业所示。

9013 的 B 极 1.2V、C 极 7V、E 极 0.6V。

TDA2030 的引脚 1 为 7.6V、引脚 2 为 8.5V、引脚 3 为 0V、引脚 4 为 8.6V、引脚 5 为 17V。

（2）输出功率 P_L 和电压增益 A_u。

接入负载 $R_L=8\Omega$，把音量电位器 RP_3 调至最大，音调电位器 RP_1、RP_2 调到中间位置，用低频信号发生器产生频率 $f=1kHz$ 的信号，从功放输入端输入，用示波器观察功放的输出电压波形，在最大不失真时用电子毫伏表测量输入、输出端动态电压 U_i 和 U_o。

则功放输出功率
$$P_L=2\frac{U_o^2}{R_L}$$

电压增益
$$A_u=\frac{U_o}{U_i}$$

（3）测量电源利用率 η

在测量功放最大不失真输出电压，计算功放输出功率的同时，用直流电表（A）测量稳压电源提供的动态电流 $I_{静}$ 与稳压电源 U_{CC} 的乘积，就为电源提供的功率，即

$$P_{动}=I_{动}U_{CC}$$

则电源利用率
$$\eta=\frac{P_L}{P_{动}}\times 100\%$$

（4）频率范围

低频信号发生器产生频率 $f=1kHz$ 的信号从功放输入端输入。用电子毫伏表测量功放的输出电压，调节输入信号电压大小，使输出电压约等于最大不失真电压的一半。此时保持低频信号发生器输出的信号电压大小不变。

1）调节信号频率上升。观察功率放大电路的输出电压，当输出电压下降至原来的 0.707 倍时，得上限截止频率 f_H。

2）调节信号频率下降。观察功率放大电路的输出电压，当输出电压下降至原来的 0.707 倍时，得下限截止频率 f_L。

可知频率范围为 $f_L\sim f_H$

（5）失真度 γ

从功放输入端输入 400mV、1kHz 的信号，调节 RP_3 使功放输出端达到额定的功率，即 8Ω 负载上电压约 5V。此时，功率放大器的失真度应≤2%。

（6）高、低音提升范围

1）从功率放大电路输入端输入 400mV、1kHz 的信号，把 RP_1、RP_2 都旋到最大衰减位置，调节 RP_3（音量），使输出电压等于 1V，再调节 RP_2（低音）到最大提升位置，使输出电压从 1V（0dB 参考点）变化到 5.7V 左右，即低音控制范围应该大于 15dB。

2）从功率放大电路输入端输入 400mV、5kHz 的信号，把 RP_1、RP_2 都旋到最大衰减位

置，调节 RP_3（音量），使输出电压等于1V，再调节 RP_1（高音）到最大提升位置，使输出电压从1V（dB0参考点）变化到3.6V左右，即高音控制范围应该大于11dB。

（7）效果调试

接入声源，输出接上扬声器，调试音量、高音和低音的效果。

4. 职业素养培养

1）完成工作任务的过程中，所有操作都应符合安全操作规程；仪器、仪表使用规范、安全。

2）工具摆放整齐，符合职业岗位要求；使用规范，符合安全要求。

3）搭建电路的模块布局合理，不产生干扰，不存在安全隐患。

4）包装物品、导线线头等的处理符合职业岗位的要求，保持工位的整洁。

5）遵守纪律，尊重团队成员，爱惜实验室的设备和器材。

5. 评价

任务评价主要采用过程评价，以自评、互评和教师评价相结合的方式进行。

❖ 课后习题

1. 集成功率放大器在使用时有什么注意事项？

2. 一个集成功放LM384组成的功率放大电路如图3-37所示，已知电路在通频带内的电压增益为40dB，在 $R_L=5\Omega$ 时的最大输出电压（峰值）可达18V，当 u_i 为正弦波信号时，求：

1）最大不失真输出功率 P_{om}。

2）输出功率最大时的输入电压有效值。

3. 2030集成功率放大器的一种应用电路如图3-38所示，假定其输出级BJT的饱和电压降 U_{CES} 可以忽略不计，u_i 为正弦电压。求：

1）指出该电路属于OTL还是OCL电路。

2）理想情况下最大输出功率 P_{om}。

3）电路输出级的效率 η。

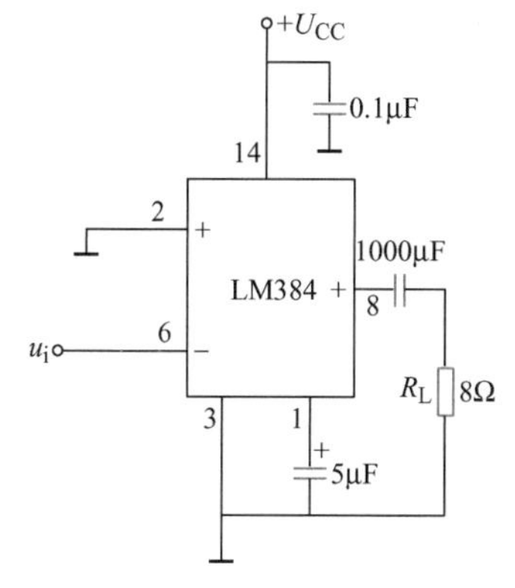

图3-37 习题2电路图

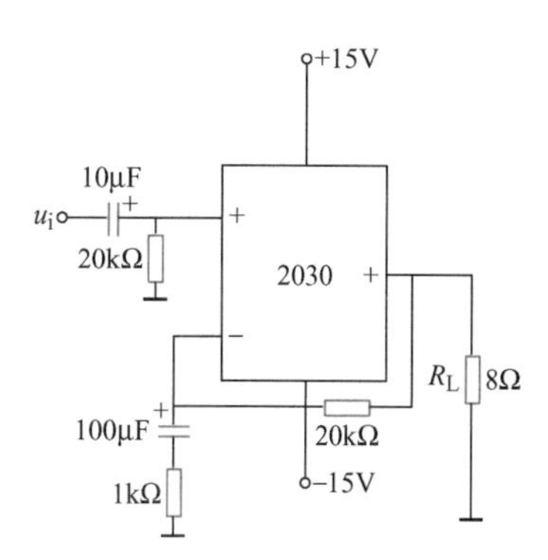

图3-38 习题3电路图

集成运算放大器简称集成运放，又称运放，是采用集成电路技术制成的一种高增益直接耦合放大器，最初用于模拟计算机中的数值运算，所以有运算放大器之称。现在集成运放的应用已远远超出了模拟运算的范围。本项目首先介绍集成运放的组成与特点，接着重点介绍集成运放的应用。

项目4　热敏电阻温度计的制作

❖项目描述

此项目来源于2017年“NI虚拟仪器大赛”职业技能组的比赛题目，并将其与生活应用相结合。温度计在生活中很常见，数字温度计在新冠肺炎疫情期间更是应用普遍。在数据采集过程中应用到集成运放器件及应用电路，是模拟电子技术课程中要学习和掌握的技能。通过完成这个实际项目，既要解决运算放大器知识点的学习和技能点的锻炼，还要传达给学生这门课程的知识在以后大家的学习和生活中是可以见到、用到的，这样一个课程实用性的理念，以此调动学生的积极性，解决学生学习无目的性的问题。

❖职业岗位目标

知识目标

- 掌握比例运算电路计算。
- 了解积分与微分运算电路波形变化。
- 掌握电压比较器功能和作用。

能力目标

- 能看懂集成运放应用电路原理图。
- 能分析简单电路原理图中元器件的功能。
- 掌握万用表的使用，能够用万用表完成元器件的检测。

素质目标

- 严谨认真、规范操作。
- 合作学习、团结协作。

任务4.1 热敏电阻温度计电路的制作

❖ 知识链接

4.1.1 集成运放概述

20世纪60年代以前，电子电路都是由电阻、电容、电子管、晶体管等元器件以及连线组成，这些元器件在结构上是相互独立的，称为分立元器件电路。20世纪60年代出现了用半导体工艺把晶体管、场效应晶体管、电阻、电容以及它们之间的连线集中制作在一小块硅基片上，封装在一个管壳内，组成一定功能的电子电路，称为集成电路（Integrated Circuit，IC），它具有体积小、可靠性好、成本低和稳定性好等优点。

1. 集成运放的特点

与分立元器件电路相比，集成运放有如下特点。

1）由于集成电路中元器件的参数误差大，但对称性好，相邻的同一类元器件参数的温度特性基本相同，所以集成运放适于采用对元器件的对称性要求很高的电路，如差动放大电路。

2）由于工艺水平的限制，集成电路不能制作大电容，因此集成电路应尽量采用直接耦合方式。必须采用大电容的时候，一般采用外接方式。

3）集成运放中尽量采用有源元器件来代替高阻值的电阻，以减少制造工序和节省硅片面积。

4）由于横向PNP管β值小，因此不能与NPN管配对直接组成互补管。

为改进集成运放的性能，常采用复合管和多集电极晶体管。

2. 集成运放的符号

集成运放的图形符号如图4-1所示，图4-1为国际标准符号，图中“▷”表示信号的传输方向，“∞”为理想运放，标有“－”的为反相输入端，有时也用N表示，表示输出电压与该输入端电压反相；标有“＋”的为同相输入端，有时也用P表示，表示输出电压与该输入端电压同相。

集成运放内部是一个高增益直接耦合多级放大器，它由4部分组成：输入级、中间级、输出级和偏置电路，如图4-2所示。

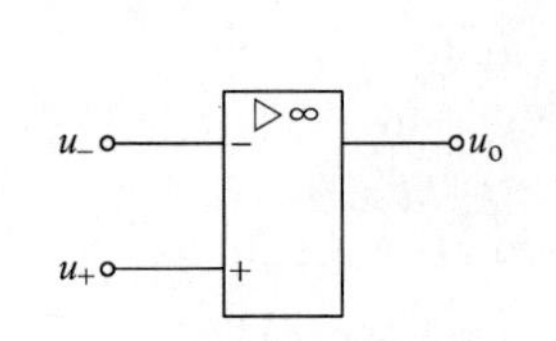

图4-1 集成运放的图形符号

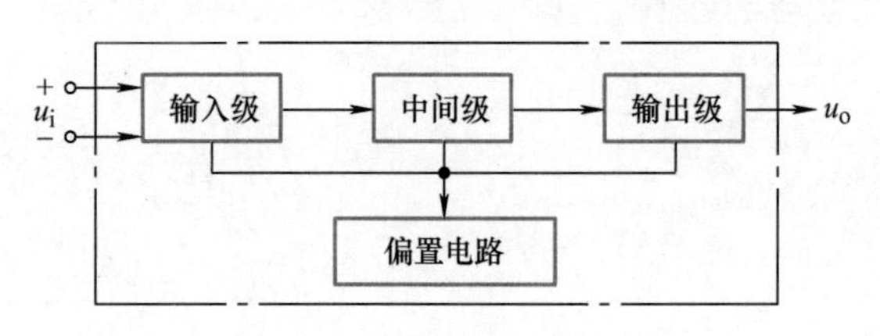

图4-2 集成运放组成框图

(1) 输入级

输入级是提高运放质量的关键部分，为了减小零漂和抑制共模干扰信号，输入级常用差动放大电路。

(2) 中间级

中间级的主要任务是提供足够大的电压放大倍数，为了减小前一级的影响，输入电阻应该较高，为了提高电压放大倍数，中间级常采用有源负载放大电路。

(3) 输出级

输出级的主要作用是提供足够的输出功率以满足负载的要求，它应该有较低的输出电阻，以提高带负载能力，同时具有较高的输入电阻，以免影响前级电压放大倍数。运放输出级一般采用互补对称功率放大器。

(4) 偏置电路

偏置电路的作用是向各级放大电路提供合适的静态工作点。

4.1.2 集成运放的主要参数和理想化

1. 主要参数

(1) 开环差模电压增益 A_{od}

集成运放工作在线性区，并且输出端开路时的差模增益即为 A_{od}，其值一般为 60 ~ 180dB。所谓开环是指集成运放外围电路不构成反馈，工作在线性区是指内部放大管均工作在放大区。

(2) 差模输入电阻 r_{id}和输出电阻 r_{od}

差模输入电阻 r_{id}和输出电阻 r_{od}指差模输入时，集成运放的输入电阻和输出电阻。r_{id}为兆欧级，其值越大，运算精度越高。r_{od}一般小于 200Ω，其值越小，运放带负载能力越强。

(3) 共模抑制比 K_{CMR}

放大器对差模信号的电压放大倍数 A_{ud}与对共模信号的电压放大倍数 A_{uo}之比，称为共模抑制比，其值一般为 80 ~ 180dB。

(4) 输入失调电压 U_{IO}

理想集成运放，零输入时应零输出。但实际当输入电压为零时存在一定的输出电压，这个电压折算到输入端就是输入失调电压 U_{IO}。U_{IO}在数值上等于输出电压为零时，输入端应加的直流补偿电压，其值越小越好。一般为 ± (0.1 ~ 10) mV。

(5) 输入偏置电流 I_{IB}

静态时两个输入端偏置电流的平均值。一般为μA 数量级，I_{IB}越小越好。

(6) 输入失调电流 I_{IO}

集成运放输出电压为零时，两个差分输入端（基极）静态偏置电流差就是 I_{IO}。

(7) 最大差模输入电压 U_{idmax}

U_{idmax}是指集成运放两输入端之间所允许加的最大电压值。若差模输入电压超过 U_{idmax}，输入级将被击穿甚至损坏。

(8) 最大共模输入电压 U_{icmax}

U_{icmax}是指比规定的共模抑制比下降 6dB 时的共模输入电压。

(9) 开环带宽 f_H

A_{od}下降 3dB 时的信号频率范围。

(10) 转换速率 S_R

S_R是指集成运放中输入幅度较大的阶跃信号时，输出电压随时间的最大变化速率，定义为

$$S_R = \left| \frac{du_o}{dt} \right|_{max}$$

S_R反映了集成运放输出电压对高速变化的输入信号的响应能力，只有当输入信号的变化率小于运放的 S_R时，输出电压才会随输入电压呈线性变化。S_R越大，运放的高频特性越好。一般运放的 S_R为 0.5～100V/s，高速运放甚至可达 1000V/s 以上。

2. 理想集成运放

在分析实际运算放大电路时，常将集成运放的性能指标理想化，即看成理想集成运放。虽然理想运放是不存在的，但只要实际运放的性能较好，则其应用效果与理想运放很接近，因此就可以把它近似看成理想运放。后面分析若没特别说明则都把运放看成理想的。

(1) 理想运放的技术指标

1) 开环差模电压增益 $A_{od} = \infty$。

2) 差模输入电阻 $r_{id} = \infty$。

3) 差模输出电阻 $r_{od} = 0$。

4) 共模抑制比 $K_{CMR} = \infty$。

5) 开环带宽 $f_H = \infty$。

6) 输入失调电流 $I_{IO} = 0$；输入偏置电流 $I_{IB} = 0$。

(2) 理想运放的线性特点

在各种应用电路中，集成运算放大器的工作范围有两种，即工作在线性区或非线性区。集成运放的传输特性如图 4-3 所示。

当工作在线性区时，集成运放的输出电压和输入电压呈线性关系，即

$$u_o = A_{od}(u_+ - u_-)$$

理想运放工作在线性区时有以下两个重要特点。

1) 理想运放的差模输入电压等于零——虚短。

理想运放的 $A_{od} = \infty$，又由 $u_o = A_{od}$ ($u_+ - u_-$) 得 $u_+ - u_- = u_o/A_{od} = 0$，即 $u_+ = u_-$。该式表明运算放大电路的同相输入端和反相输入端的电压相等，如同两点短路一样，而实际上两点并没有真正短路，所以称为“虚短”。

2) 理想运放的输入电流等于零——虚断。

理想运放的差模输入电阻 $r_{id} = \infty$，因此运放的同相输入端和反相输入端的电流都等于零，

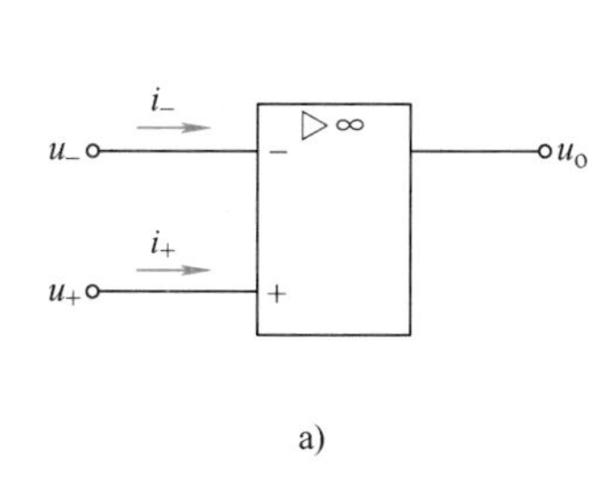

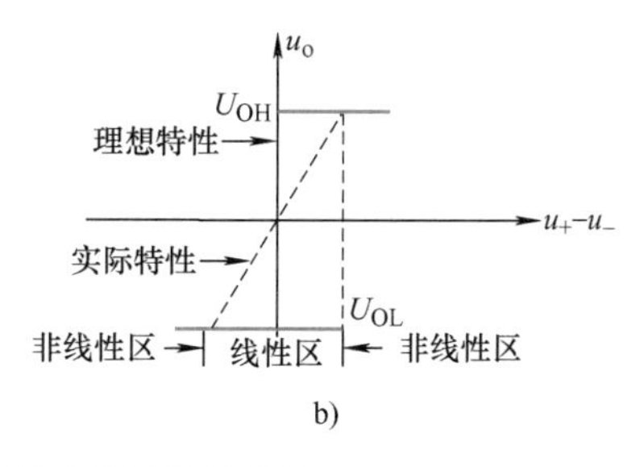

图 4-3　集成运算放大器的传输特性

a）电压和电流　b）特性曲线

即 $i_+ = i_- = 0$，两个输入端如同被断开一样，但实际上并没有真正断开，所以称为“虚断”。

“虚短”和“虚断”是理想运放工作在线性区时的两个重要结论，这是以后分析运放电路的基础。

4.1.3　比例运算电路

当运放工作在线性区时，可以组成各类运算电路，如比例、加减、积分、微分等。

1. 反相比例运算电路

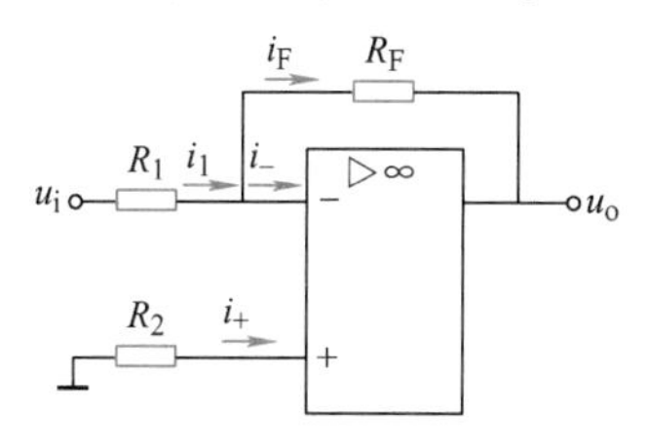

图 4-4　反相比例运算电路

电路如图 4-4 所示，反相比例运算电路又称反相放大器，输入电压 u_i 经电阻 R_1 加到运放的反相输入端，同相输入端经电阻 R_2 接地，输出电压 u_o 经反馈电阻 R_F 接回反相输入端。

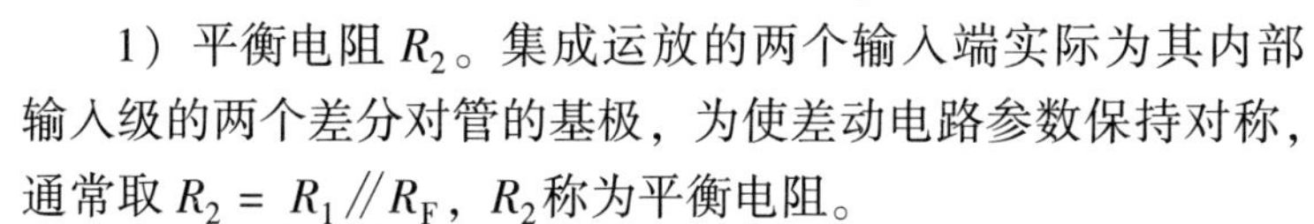

1）平衡电阻 R_2。集成运放的两个输入端实际为其内部输入级的两个差分对管的基极，为使差动电路参数保持对称，通常取 $R_2 = R_1 /\!/ R_F$，R_2 称为平衡电阻。

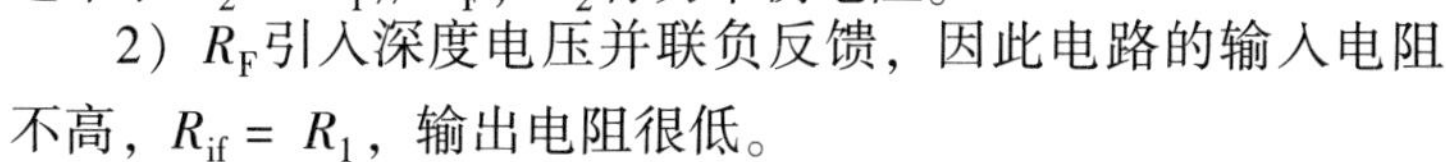

2）R_F 引入深度电压并联负反馈，因此电路的输入电阻不高，$R_{if} = R_1$，输出电阻很低。

4.1.3-1　反相比例运算电路

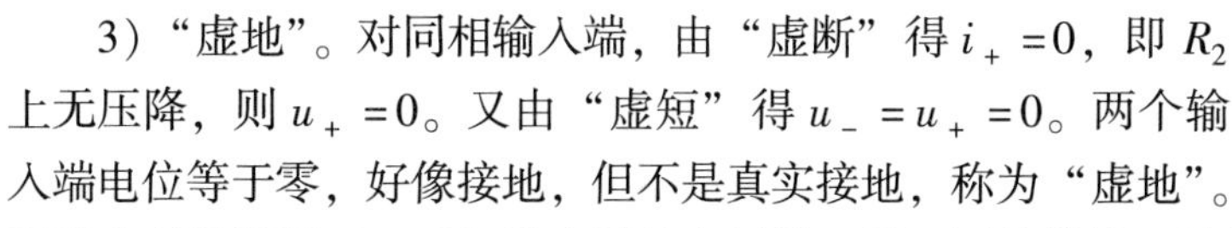

3）“虚地”。对同相输入端，由“虚断”得 $i_+ = 0$，即 R_2 上无压降，则 $u_+ = 0$。又由“虚短”得 $u_- = u_+ = 0$。两个输入端电位等于零，好像接地，但不是真实接地，称为“虚地”。所以在理想情况下，反相输入端的电压等于零，因此其输入端的共模输入电压很小。

4）电压放大倍数。由“虚断”得 $i_- = i_+ = 0$，所以 $i_1 = i_F$，

即

$$(u_i - u_-)/R_1 = (u_- - u_o)/R_F \tag{4-1}$$

由此可以求得

$$u_o = -\frac{R_F}{R_1}u_i \tag{4-2}$$

所以电压放大倍数为

$$A_{uf} = \frac{u_o}{u_i} = -\frac{R_F}{R_1} \tag{4-3}$$

5）反相器。当 $R_1=R_F$ 时，$u_o=-u_i$，此时电路称为反相器。

2. 同相比例运算电路

电路如图4-5所示，同相比例运算电路又叫同相放大器，输入电压 u_i 经电阻 R_2 加到运放的同相输入端，反相输入端经电阻 R_1 接地，输出电压 u_o 经反馈电阻 R_F 接回反相输入端。

1）平衡电阻 $R_2=R_1 /\!/ R_F$。

2）R_F 引入深度电压串联负反馈，因此电路的输入电阻高，输出电阻很低，有良好的阻抗变化、电路隔离作用。

3）电压放大倍数。由“虚断”得 $i_+=0$，即 R_2 上无电压降，则 $u_+=u_i$。又由“虚短”得

$$u_-=u_+=u_i \tag{4-4}$$

又由“虚断”得 $i_1=i_F$，即

$$(0-u_-)/R_1=(u_--u_o)/R_F \tag{4-5}$$

由此可以求得

$$u_o=(1+\frac{R_F}{R_1})u_i \tag{4-6}$$

所以电压放大倍数

$$A_{uf}=1+\frac{R_F}{R_1} \tag{4-7}$$

4）电压跟随器。当 $R_1=\infty$（开路）或 $R_F=0$ 时，$u_o=u_i$，此时电路称为电压跟随器，如图4-6所示。

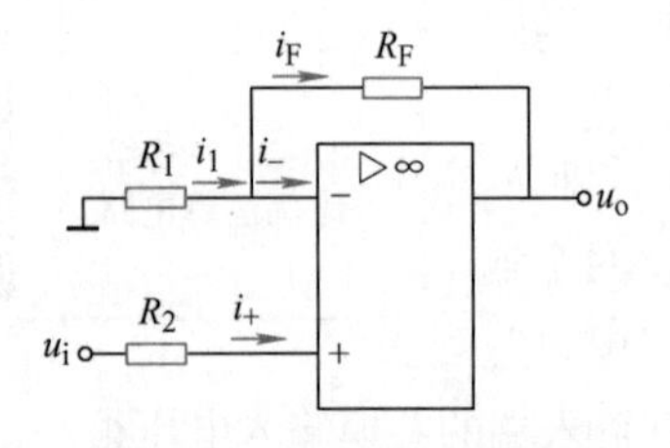

图4-5　同相比例运算电路

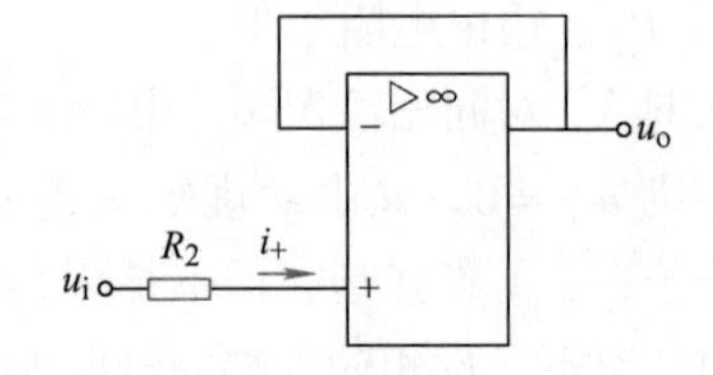

图4-6　电压跟随器

5）存在共模信号。当输入信号为 u_i 时，$u_-=u_+=u_i$，两个输入端得到几乎与输入信号等幅的共模信号，为了抑制共模信号干扰，该电路对集成运算放大器的 K_{CMR} 要求较高，该缺点限制了它的使用。

【例4-1】　电路如图4-7所示，图中 A_1、A_2 为理想运放，由给定参数 $R_1=10\text{k}\Omega$，$R_{F1}=100\text{k}\Omega$，$R_3=100\text{k}\Omega$，$R_{F2}=500\text{k}\Omega$，求 u_o 和 u_i 的关系。

解：由电路知 A_1 为同相比例运算电路，A_2 为反相比例运算电路。作为两个运放组成的多级放大电路，前级的输出电压 u_{o1} 作为后级的输入电压，即：$u_{i2}=u_{o1}$。

$$u_{o1}=\left(1+\frac{R_{F1}}{R_1}\right)u_i=\left(1+\frac{100}{10}\right)u_i=11u_i$$

$$u_o=-\frac{R_{F2}}{R_3}u_{o1}=-55u_i$$

3. 减法运算电路（差动比例运算电路）

电路如图4-8所示，输入电压 u_{i1} 和 u_{i2} 分别加到运放的反相输入端和同相输入端。

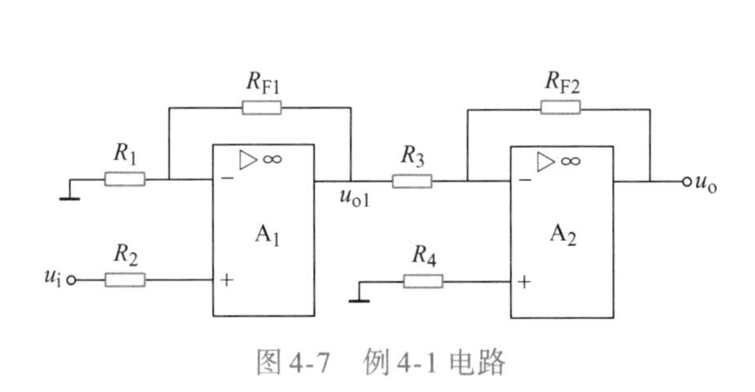

图4-7　例4-1电路

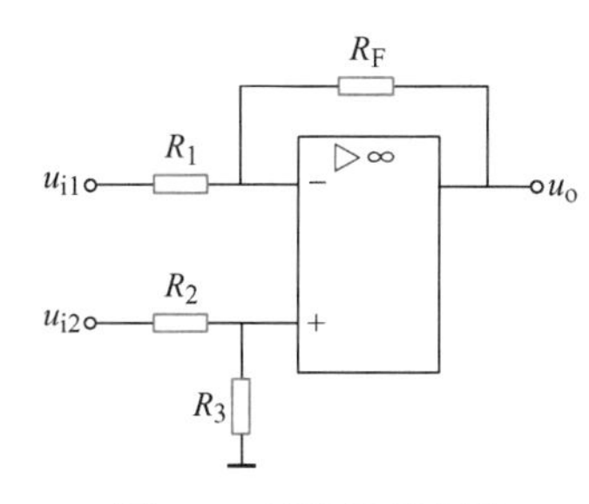

图4-8　减法运算电路

为了保证运放输入端参数对称，一般取 $R_1 /\!/ R_F = R_2 /\!/ R_3$。由于电路引入了深度负反馈，所以运放工作在线性区，满足叠加定理。

当 u_{i1} 单独作用（$u_{i2}=0$）时，电路相当于一个反相比例运算电路，可得

$$u_{o1}=-\frac{R_F}{R_1}u_{i1} \tag{4-8}$$

当 u_{i2} 单独作用（$u_{i1}=0$）时，电路相当于一个同相比例运算电路，可得

$$u_{o2}=\left(1+\frac{R_F}{R_1}\right)u_+=\left(1+\frac{R_F}{R_1}\right)\frac{R_3}{R_2+R_3}u_{i2} \tag{4-9}$$

根据叠加定理，得

$$u_o=u_{o1}+u_{o2}=-\frac{R_F}{R_1}u_{i1}+\left(1+\frac{R_F}{R_1}\right)\frac{R_3}{R_2+R_3}u_{i2} \tag{4-10}$$

如果选择 $R_1=R_2$，$R_3=R_F$，则有

$$u_o=\frac{R_F}{R_1}(u_{i2}-u_{i1}) \tag{4-11}$$

当 $R_1=R_2=R_3=R_F$ 时，则有

$$u_o=u_{i2}-u_{i1} \tag{4-12}$$

根据“虚短”，输入电阻 $R_i=R_1+R_2$，由于引入深度电压负反馈，其 $R_o\approx 0$。

由于运放输入端存在共模信号，故对实际运放的共模抑制比要求较高。此外，它将双端输入转换为单端输出。

4.1.3-4　加法运算电路

4. 加法运算电路

若输入信号都从反相输入端输入，则称为反相加法运

算，若输入信号都从同相输入端输入，则称为同相加法运算，由于同相加法运算电路共模输入电压高，且输入端电阻不便调整，故很少用，这里只介绍反相输入加法运算电路。

电路如图4-9所示，其中 $R_4=R_1/\!/R_2/\!/R_3/\!/R_F$。

由反相输入“虚地”“虚断”和KCL可得

$$i_1=u_{i1}/R_1, i_2=u_{i2}/R_2, i_3=u_{i3}/R_3, i_F=-u_o/R_F$$

$$i_F=i_1+i_2+i_3 \tag{4-13}$$

得

$$u_o=-R_F(u_{i1}/R_1+u_{i2}/R_2+u_{i3}/R_3) \tag{4-14}$$

若取 $R_1=R_2=R_3$ 则 $u_o=-R_F/R_1(u_{i1}+u_{i2}+u_{i3})$ (4-15)

若取 $R_1=R_2=R_3=R_F$，则 $u_o=-(u_{i1}+u_{i2}+u_{i3})$ (4-16)

显然，输入端的数量可以根据需要增减，而调整某一路的输入端电阻时只影响该路输入电压与输出电压之间的比例关系，而不影响其他路输入电压和输出电压的关系，故调节方便。另外由于存在“虚地”，其共模输入电压可视为零，这也是该电路应用广泛的原因之一。

5. 加减运算电路

实现加减运算，可以用单个运放，也可以用双运放，由于单运放加减运算电路的电阻值调整不方便，这里只介绍双运放加减运算电路。

电路如图4-10所示，它由两级反相加法运算电路组成，其中 $R_6=R_1/\!/R_2/\!/R_{F1}$，$R_7=R_3/\!/R_4/\!/R_5/\!/R_{F2}$。

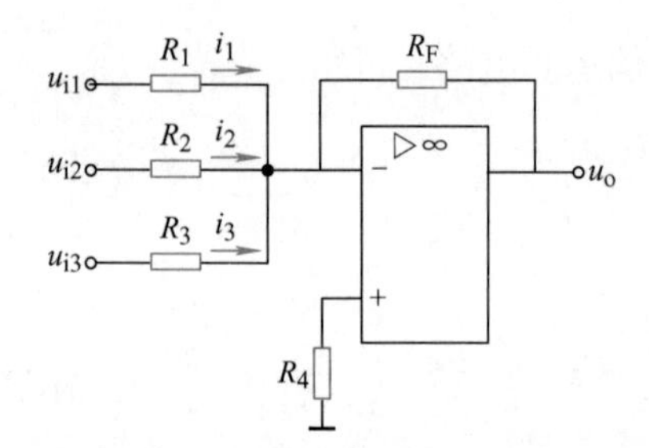

图4-9 反相加法运算电路

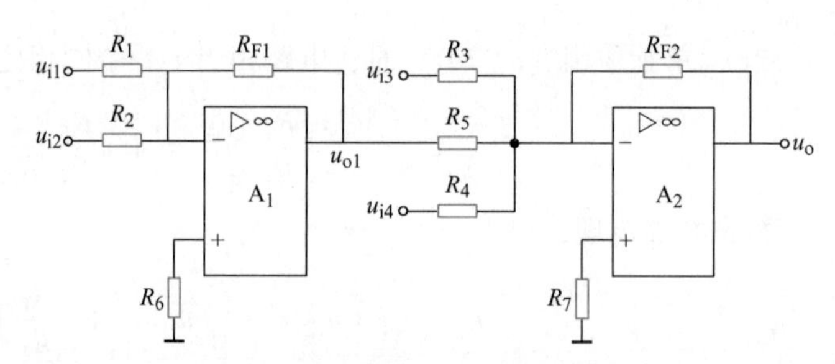

图4-10 双运放加减运算电路

由反相加法运算电路结论得 $u_{o1}=-R_{F1}(u_{i1}/R_1+u_{i2}/R_2)$，则

$$u_o=-R_{F2}\left(\frac{u_{o1}}{R_5}+\frac{u_{i3}}{R_3}+\frac{u_{i4}}{R_4}\right)=R_{F2}\left(\frac{R_{F1}}{R_1R_5}u_{i1}+\frac{R_{F1}}{R_2R_5}u_{i2}-\frac{u_{i3}}{R_3}-\frac{u_{i4}}{R_4}\right) \tag{4-17}$$

虽然该电路需用两个运放，但由于都是反相输入，各电阻值容易计算和调整，且对运放共模抑制比要求较低。

【例4-2】 试设计一个满足 $u_o=8u_{i1}+4u_{i2}-15u_{i3}$ 的运算电路。

解： 采用双运放加减运算电路，如图4-11所示，由前面结论有

$$u_o=R_{F2}\left(\frac{R_{F1}}{R_1R_4}u_{i1}+\frac{R_{F1}}{R_2R_4}u_{i2}-\frac{u_{i3}}{R_3}\right)=\frac{R_{F2}R_{F1}}{R_1R_4}u_{i1}+\frac{R_{F2}R_{F1}}{R_2R_4}u_{i2}-\frac{R_{F2}u_{i3}}{R_3}$$

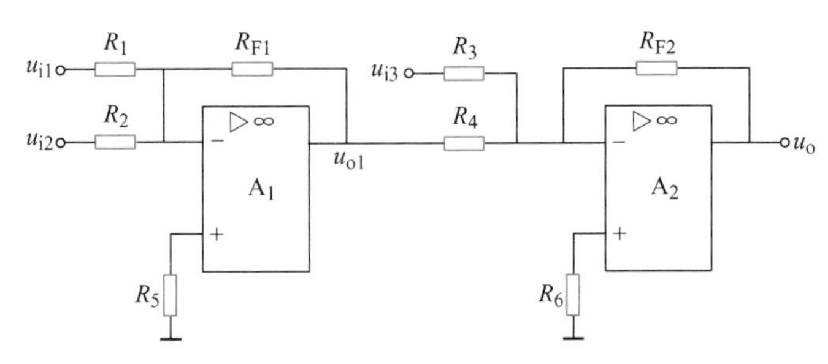

图 4-11 例 4-2 图

用待定系数法知 $R_{F2}/R_3=15$，因此若取 $R_3=10\text{k}\Omega$，则 $R_{F2}=150\text{k}\Omega$，再取 $R_4=150\text{k}\Omega$，则

$$R_6=R_3/\!/R_4/\!/R_{F2}\approx 8.8\text{k}\Omega$$

若取 $R_{F1}=120\text{k}\Omega$，则 $R_1=15\text{k}\Omega$，$R_2=30\text{k}\Omega$，有

$$R_5=R_1/\!/R_2/\!/R_{F1}\approx 9.2\text{k}\Omega$$

❖ 实操训练

1. 明确任务

1）仪器和器材（查学习工作页）。

2）技能训练电路如学习工作页中的图 4-1 所示（查学习工作页）。

3）内容和步骤（查学习工作页）。

4）电路仿真：图 4-12 是温度采集仿真电路，通过调节仿真电路中 R_3 的阻值，模拟热敏电阻受到温度影响而阻值变化。然后观察运放的输出电压是否有对应的变化。为了能够以数字显示温度，必须再接单片机的数字显示电路，故需要接分压电路把输出电压规范到 0～5V。

2. 补充知识

热敏电阻是一种电阻值随温度变化的半导体传感器。它的温度系数很大，比温差电偶和线绕电阻测温元件的灵敏度高几十倍，适用于测量微小的温度变化。热敏电阻体积小、热容量小、响应速度快，能在空隙和狭缝中测量。它的阻值高，测量结果受引线的影响小，可用于远距离测量。此外还具有过载能力强，成本低廉等特点。但热敏电阻的阻值与温度为非线性关系，所以它只能在较窄的范围内用于精确测量。热敏电阻在一些精度要求不高的测量和控制装置中得到广泛应用。

热敏电阻（Thermistor）按其温度系数可分为负温度系数热敏电阻（NTC）和正温度系数热敏电阻（PTC）两大类。

正温度系数：电阻的变化趋势与温度的变化趋势相同。

负温度系数：当温度上升时，电阻值反而下降。

NTC 的电阻值与温度之间是负指数关系，即图 4-13 中的曲线 2，关系式为

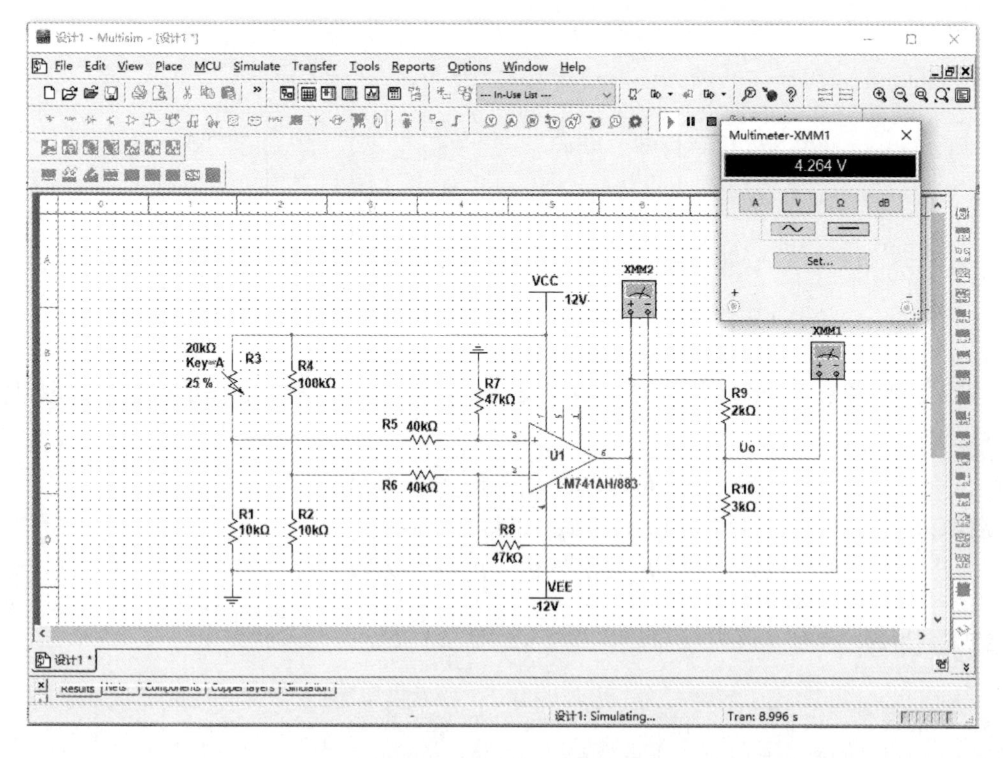

图 4-12　温度采集仿真电路

$$R_T = R_0 \mathrm{e}^{-B\left(\frac{1}{T}-\frac{1}{T_0}\right)} \tag{4-18}$$

式中，R_T 为 NTC 在热力学温度为 T 时的电阻值；R_0 为 NTC 在热力学温度为 T_0 时的电阻值，T_0 设定在 298K（25℃）；B 为 NTC 的温度常数。

突变型：又称临界温度型（CTR）。当温度上升到某临界点时，其电阻值突然下降，如图 4-13 中的曲线 1 或曲线 4，可用于各种电子电路中抑制浪涌电流。

PTC 热敏电阻：它的温度-电阻特性曲线呈非线性，如图 4-13 中的曲线 3 或曲线 4 所示。它在电子电路中多起限流、保护作用。

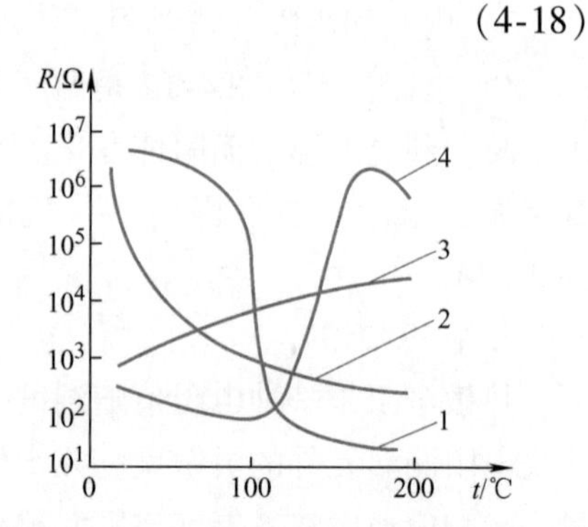

图 4-13　各种热敏电阻的特性曲线

1—突变型 NTC　2—负指数型 NTC

3—线性型 PTC　4—突变型 PTC

小提示：本任务完成热敏电阻测温的温度采集部分，由于学生还没有学习数字显示部分的软硬件电路设计，故采用老师提供的数字显示电路观察。也可直接观察输出电压的变化。

3. 电路的制作

本电路将在面包板上完成连接或在万能板上焊接。

4. 电路调试

1）对照电路原理图检查各元器件安装是否正确，检查元器件的连接极性及电路连线，然后接通电源进行调试。

2）接通直流稳压电源，改变温度观察数码管或者电路输出端电压的变化。

5. 职业素养培养

1）完成工作任务的过程中，所有操作都应符合安全操作规程；仪器、仪表使用规范、安全。

2）工具摆放整齐，符合职业岗位要求；使用规范，符合安全要求。

3）搭建电路的模块布局合理，不产生干扰，不存在安全隐患。

4）包装物品、导线线头等的处理符合职业岗位的要求，保持工位的整洁。

5）遵守纪律，尊重团队成员，爱惜实验室的设备和器材。

6. 评价

任务评价主要采用过程评价，以自评、互评和教师评价相结合的方式进行。

❖ 课后习题

1. 画出集成运放的组成框图并说明各部分的作用。

2. 集成运放输入级一般采用什么电路？为什么？

3. 为什么用运放组成的放大电路一般都采用反相输入方式？

4. 若差动放大电路输出表达式为 $u_o = 1000u_{i2} - 999u_{i1}$。求：

1）共模放大倍数。

2）差模放大倍数。

3）共模抑制比。

5. 分别选择“反相”或“同相”填入下列各空内。

1）______比例运算电路中集成运放反相输入端为虚地，而______比例运算电路中集成运放两个输入端的电位等于输入电压。

2）______比例运算电路的输入电阻大，而______比例运算电路的输入电阻小。

3）______比例运算电路的输入电流等于零，而______比例运算电路的输入电流等于流过反馈电阻中的电流。

4）______比例运算电路的比例系数大于1，而______比例运算电路的比例系数小于零。

6. 填空题

1）______运算电路可实现 $A_u > 1$ 的放大器。

2）______运算电路可实现 $A_u < 0$ 的放大器。

3）______运算电路可将三角波电压转换成方波电压。

4）______运算电路可实现函数 $Y = aX_1 + bX_2 + cX_3$，a、b 和 c 均大于零。

5）______运算电路可实现函数 $Y = aX_1 + bX_2 + cX_3$，a、b 和 c 均小于零。

7. 电路如图4-14所示，$u_{i1} = 0.5\text{V}$，$u_{i2} = 0.1\text{V}$，计算电路的输出电压 u_o 和平衡电阻 R_3。

8. 电路如图4-15所示，已知 $R_F = 3R_2$，$u_i = 5\text{V}$，求：

1）运放 A_1 和 A_2 分别构成什么运算电路？

2）u_o等于多少？

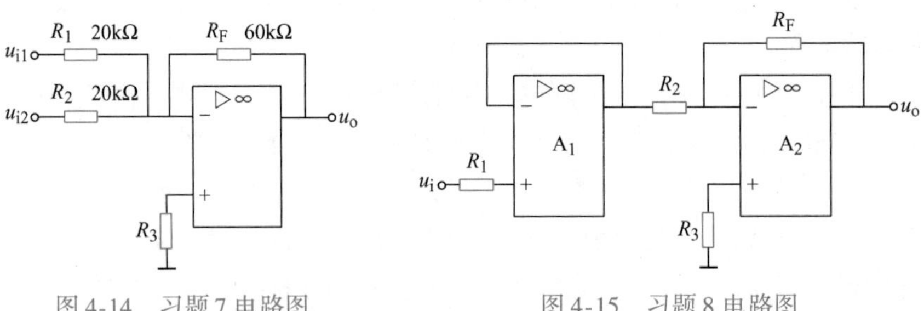

图 4-14 习题 7 电路图　　图 4-15 习题 8 电路图

9. 试求图 4-16 所示各电路输出电压与输入电压的运算关系式。

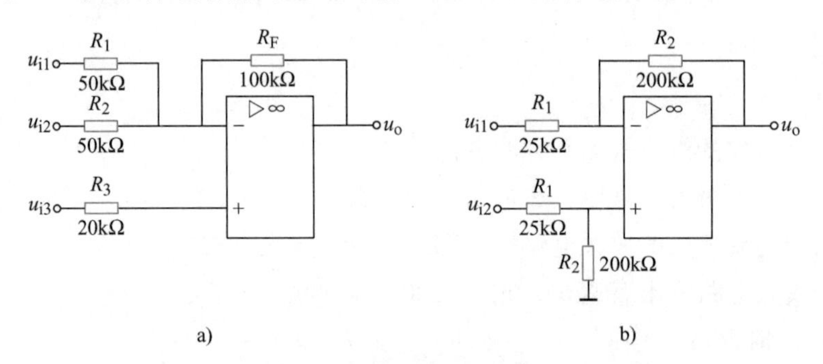

图 4-16 习题 9 电路图

10. 设计一个满足 $u_o = 3u_{i1} + 4u_{i2} - 6u_{i3}$ 的运算电路。

任务 4.2　积分与微分运算电路

❖ 知识链接

4.2.1　积分运算电路

电路如图 4-17 所示，由于电容两端电压与流过的电流成积分关系，输入电压与流过电容的电流成正比，且输出电压与电容两端电压成正比，所以可以构成积分电路。

利用“虚地”和“虚断”的概念，有 $i_F = i_1 = u_i/R$，而 i_F 对 C 充电。设电容初始不带电，则

$$u_o = -u_C = -\frac{1}{C}\int i_F \mathrm{d}t = -\frac{1}{RC}\int u_i \mathrm{d}t \tag{4-19}$$

式(4-19) 表明，u_o与u_i为反相积分关系。积分电路可以实现波形变换，例如将矩形波变换成三角波，如图 4-18 所示。此外积分电路还可用于定时、延时、移相等。若输入正弦信号，电路的输出幅度随频率降低而增大，为了防止低频时输出幅度过大，实际应用时常在电容两

端并联一个电阻加以限制。

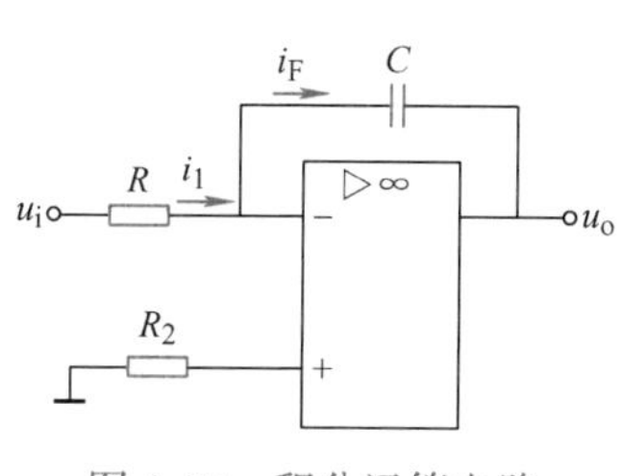

图 4-17　积分运算电路

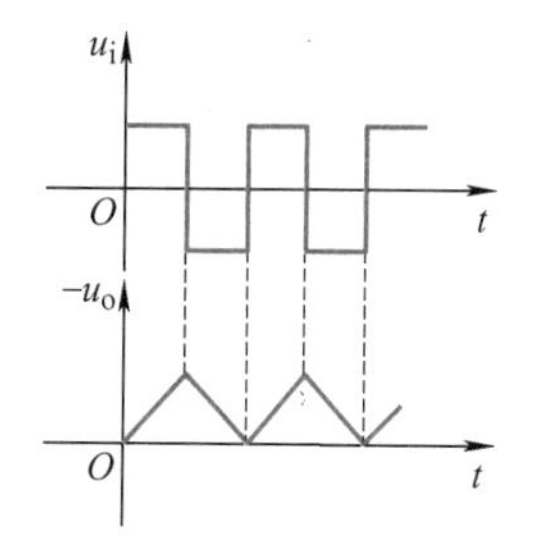

图 4-18　积分电路实现波形变换

4.2.2　微分运算电路

微分是积分的逆运算，将积分电路中的电阻和电容互换即可实现，电路如图 4-19 所示。

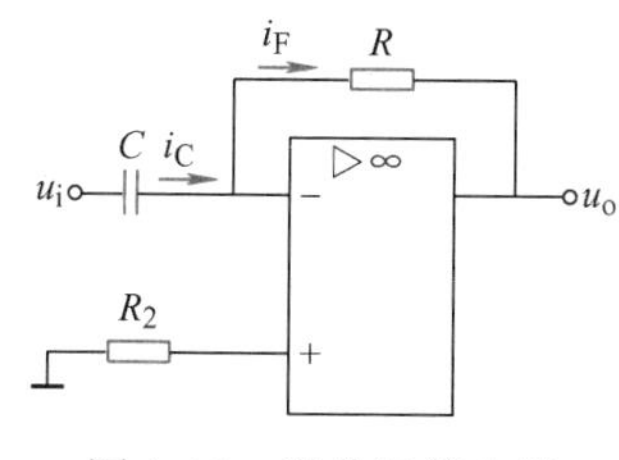

图 4-19　微分运算电路

利用“虚地”和“虚断”的概念得

$$i_C = C\frac{du_i}{dt}$$

$$u_o = -i_F R = -i_C R = -RC\frac{du_i}{dt} \tag{4-20}$$

4.2.3　集成运放的滤波作用

对信号频率具有选择性的电路称为滤波器，其功能是让有用频率范围内的信号通过，而对其他频率范围内的信号起抑制作用。信号可以通过的频率范围称为“通带”，通不过的频率范围称为“阻带”。按幅频特性的不同，滤波器可分为 4 种不同类型：

- 低通滤波器（LPF）允许低频信号通过，将高频信号衰减；
- 高通滤波器（HPF）允许高频信号通过，将低频信号衰减；
- 带通滤波器（BPF）允许某一频率范围内的信号通过，将此频带之外的信号衰减；
- 带阻滤波器（BEF）阻止某一频率范围内的信号通过，允许此频带之外的信号通过。

图 4-20 为这 4 种滤波器的幅频特性。

滤波器分为无源和有源两大类。无源滤波器一般用电感、电容和电阻等无源元件组成，例如 *LC* 滤波器和 *RC* 滤波器，前者在工作频率较低时，因 *L*、*C* 太大而只用于大功率电路

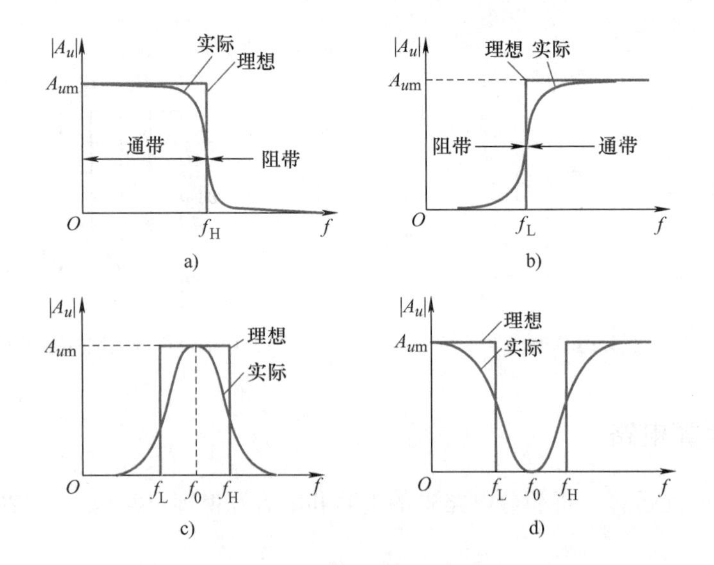

图 4-20　滤波器幅频特性

a）低通滤波器　b）高通滤波器　c）带通滤波器　d）带阻滤波器

中，后者由于 R 消耗有用信号的能量而使滤波器的性能变差。有源滤波器由集成运放（有源器件）和 RC 网络组成，利用运放的开环电压增益高，输入电阻大和输出电阻小等特点，使其具有良好的性能。

(1) 低通滤波器

1）一阶有源低通滤波器。

最简单的一阶有源低通滤波器电路如图 4-21a 所示，在同相比例运算电路的同相输入端采用 RC 无源滤波网络。

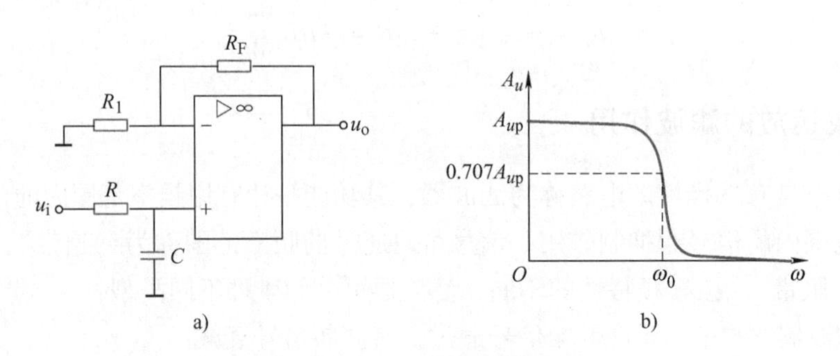

图 4-21　一阶有源低通滤波器

a）电路　b）幅频特性

该电路的传递函数为

$$A_u = \frac{U_o}{U_i} = \left(1 + \frac{R_F}{R_1}\right)\frac{1}{1 + j\omega/\omega_0} \tag{4-21}$$

式中，$\omega_0=\frac{1}{RC}$，称为特征频率。令 $\omega=0$，可得通带电压放大倍数为

$$A_{up}=1+\frac{R_F}{R_1} \tag{4-22}$$

当 $\omega=\omega_0$ 时，$A_u=A_{up}/\sqrt{2}$，所以通带的截止频率 $\omega_p=\omega_0$。其幅频特性如图 4-21b 所示。

2）二阶有源低通滤波器。

一阶有源低通滤波器幅频特性的最大衰减斜率只有 -20dB/10 倍频，与理想低通滤波器相差很大，滤波性能差，为此可以采用图 4-22 所示的二阶有源低通滤波器。

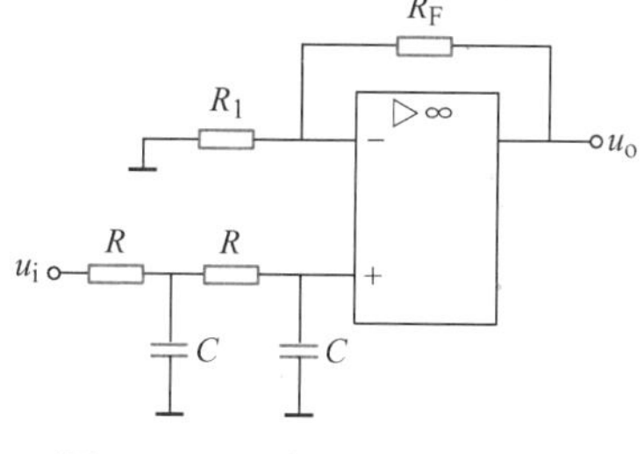

图 4-22　二阶有源低通滤波器

该电路的传递函数和通带电压放大倍数分别为

$$A_u=\frac{U_o}{U_i}=\frac{A_{up}}{1-(\omega/\omega_0)^2+3j\omega/\omega_0} \tag{4-23}$$

$$A_{up}=1+\frac{R_F}{R_1} \tag{4-24}$$

式中，$\omega_0=\frac{1}{RC}$。当 $\omega=\omega_0$ 时，$A_u=A_{up}/\sqrt{2}$，于是可求得通带截止频率为

$$\omega_p\approx 0.37\omega_0=0.37/RC \tag{4-25}$$

二阶有源低通滤波器在 $\omega>>\omega_0$ 时衰减斜率为 -40dB/10 倍频，其滤波性能远优于一阶有源低通滤波器。

（2）高通滤波器

1）一阶有源高通滤波器。

高通滤波器与低通滤波器具有对偶关系，在电路结构上，把低通滤波器中 RC 网络的 R 和 C 互换就得到对应的高通滤波器，如图 4-23a 所示。

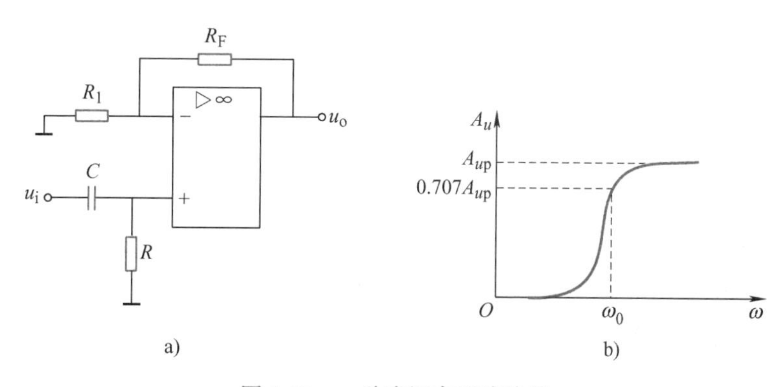

图 4-23　一阶有源高通滤波器
a）电路　b）幅频特性

该电路的传输函数和通带电压放大倍数分别为

$$A_u = \frac{U_o}{U_i} = \left(1 + \frac{R_F}{R_1}\right)\frac{1}{1 + j\omega_0/\omega} \tag{4-26}$$

$$A_{up} = 1 + \frac{R_F}{R_1} \tag{4-27}$$

该电路幅频特性如图 4-23b 所示。

2）二阶有源高通滤波器。

只要把二阶有源低通滤波器的 R、C 互换就得到二阶有源高通滤波器，如图 4-24 所示，该电路的传递函数为

$$A_u = \frac{U_o}{U_i} = \frac{A_{up}}{1 - (\omega_0/\omega)^2 + 3j\omega_0/\omega}$$

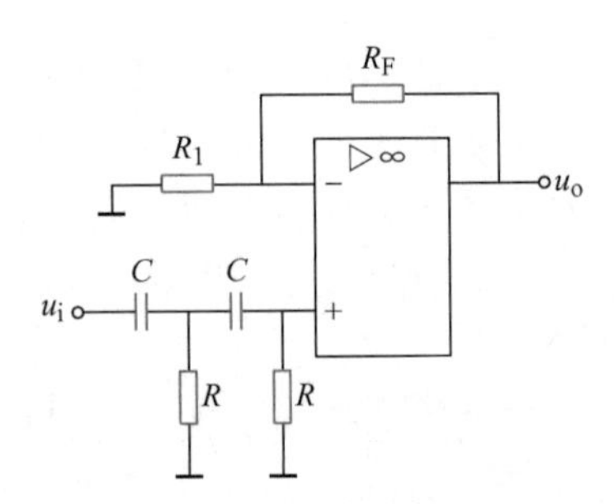

图 4-24　二阶有源高通滤波器

（3）带通滤波器

带通滤波器能使某一段特定的频率信号通过，并能滤除高于和低于这段频率的信号。图 4-25 所示电路即广泛用作单级放大带通滤波器。为了计算方便，常使 $R_1 = R_2 = R_3$，$C_1 = C_2$。

（4）带阻滤波器

带阻滤波器用来抑制某一个频带，典型应用是抑制音频电路和测量仪器中 50Hz 电源的嗡嗡声，电路如图 4-26 所示。为了计算方便，常使 $R_1 = R_2 = 2R_3$，$C_1 = C_2 = 2C_3$。

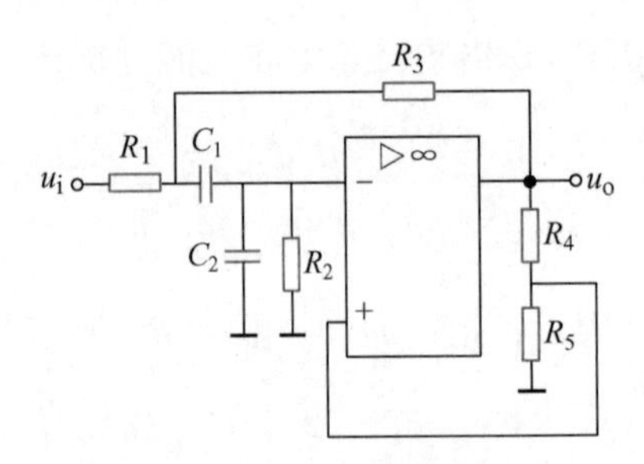

图 4-25　带通滤波器

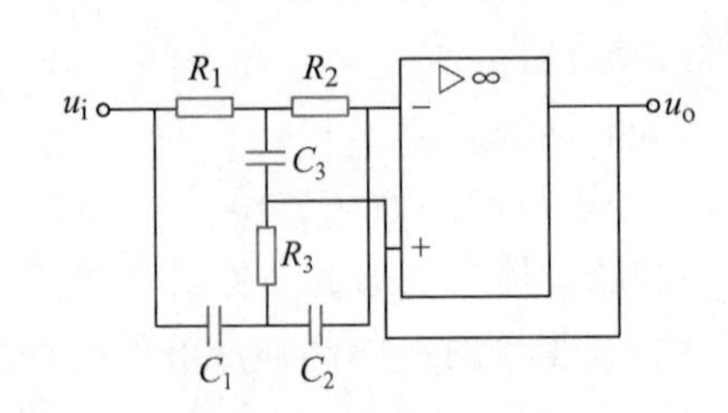

图 4-26　带阻滤波器

❖ 实操训练

1. 明确任务

1）仪器和器材（查学习工作页）。

2）技能训练电路图（查学习工作页）。

3）内容和步骤（查学习工作页）。

2. 电路的制作

本电路将在面包板上完成连接或万能板上焊接。

3. 电路调试

1）对照电路原理图检查各元器件安装是否正确，检查元器件的连接极性及电路连线，然后接通电源进行调试。

2）接通电源，观察电路输出端电压的变化。

4. 职业素养培养

1）完成工作任务的过程中，所有操作都应符合安全操作规程；仪器、仪表使用规范、安全。

2）工具摆放整齐，符合职业岗位要求；使用规范、符合安全要求。

3）搭建电路的模块布局合理，不产生干扰，不存在安全隐患。

4）包装物品、导线线头等的处理符合职业岗位的要求，保持工位的整洁。

5）遵守纪律，尊重团队成员，爱惜实验室的设备和器材。

5. 评价

任务评价主要采用过程评价，以自评、互评和教师评价相结合的方式进行。

❖ 课后习题

1. 电路如图4-27所示，已知 $U_{REF}=2V$，$u_i=10\sin\omega t(V)$，$U_Z=3V$，稳压管正向导通电压为0.6V，试画出对应的 u_i 和 u_o 的波形。

2. 在下列各种情况下，应分别采用哪种类型（低通、高通、带通、带阻）的滤波电路。

1）抑制50Hz交流电源的干扰。

2）已知输入信号的频率为10～12kHz，为了防止干扰信号的混入。

3）从输入信号中取出低于2kHz的信号。

4）抑制频率为100kHz以上的高频干扰。

3. 如图4-28所示，求该滤波器的截止频率 ω_p 和通带电压放大倍数 A_{up}。

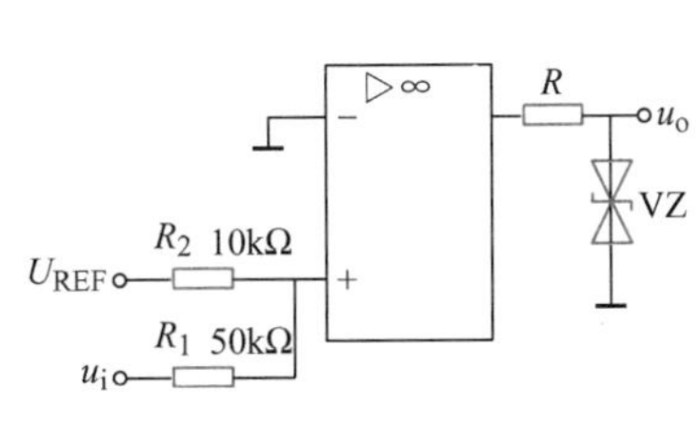

图4-27　习题1电路图

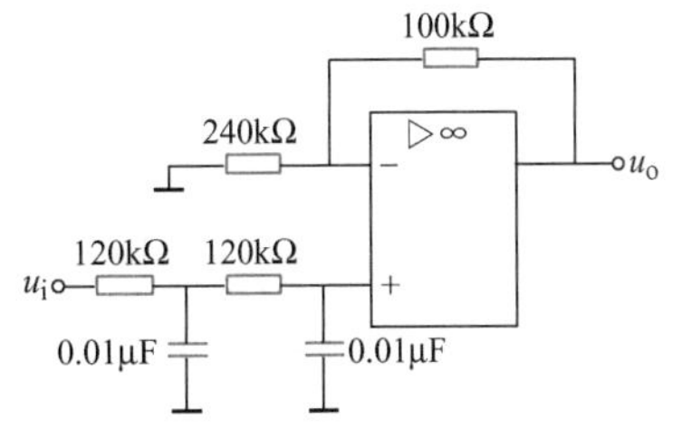

图4-28　习题3电路图

任务 4.3　电压比较器电路

❖ 知识链接

4.3.1　理想运放非线性特点

要使集成运放工作在线性放大状态，必须引入深度负反馈。否则，由于集成运放开环增益很大，很小的输入电压就会使它超出线性放大范围。集成运放处于开环或正反馈状态时，它就工作在非线性区，如图 4-3b 所示。

运放工作在非线性状态时输出电压只有两种情况：当 $u_+ > u_-$ 时，$u_o = U_{OH}$；当 $u_+ < u_-$ 时，$u_o = U_{OL}$；上述情况下，$u_+ \neq u_-$，说明运放在非线性区时“虚短”不再成立，但由于运放的输入电阻很高，所以可以认为“虚断”仍然成立。

4.3.2　电压比较器类型

1. 基本电压比较器

(1) 基本电路

电路如图 4-29a 所示，它将输入信号 u_i 和参考电压 U_{REF} 比较。输入信号可以从反相输入端输入，也可以从同相输入端输入。这里采用反向输入端输入，称为反相电压比较器。

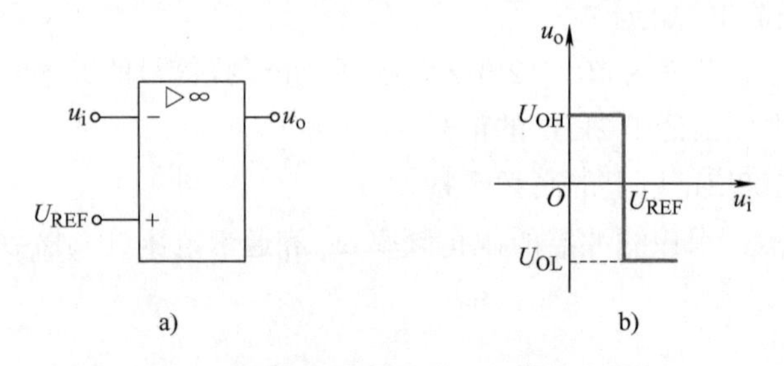

图 4-29　集成运算放大器的传输特性

a) 基本电压比较器　b) 传输特性

当 $u_i < U_{REF}$ 时，输出 $u_o = U_{OH}$。

当 $u_i > U_{REF}$ 时，输出 $u_o = U_{OL}$。

其传输特性如图 4-29b 所示。

输出电压从一个电平跳变到另一个电平的临界条件是 $u_+ = u_-$，比较器输出电平发生跳变时对应的输入电压称为门限电压，或阈值电压，用 U_{TH} 表示，显然本电路的 $U_{TH} = U_{REF}$。这种只有一个门限电压的比较器称为单门限电压比较器。

（2）过零比较器

如果参考电压为零，则输入信号每次过零时，输出电压就会产生一次跳变，这种比较器称为过零比较器，如图4-30a所示，其传输特性如图4-30b所示。电路中加入电阻R可避免因u_i过大而损坏器件。过零比较器可以用作波形变换，把正弦波变换成方波，如图4-30c所示。

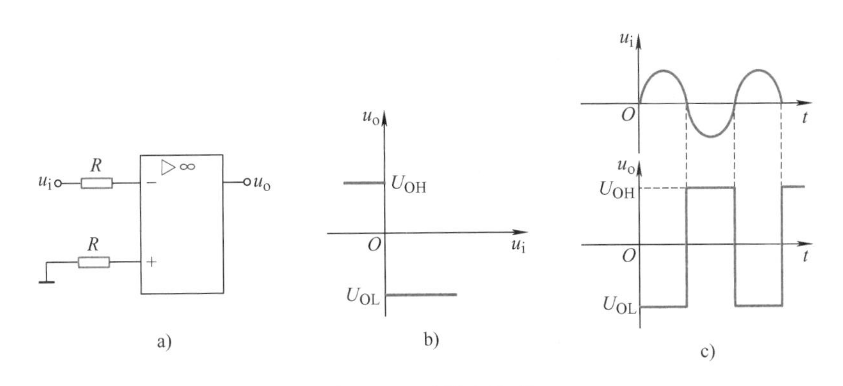

图4-30　过零比较器

a）电路　b）传输特性　c）波形变换

（3）输出限幅比较器

比较器的输出电压比较高，有时希望比较器输出信号幅度限制在一定范围内，例如要求与TTL数字电路的逻辑电平兼容，此时可以在输出回路加稳压管限幅电路，如图4-31所示。

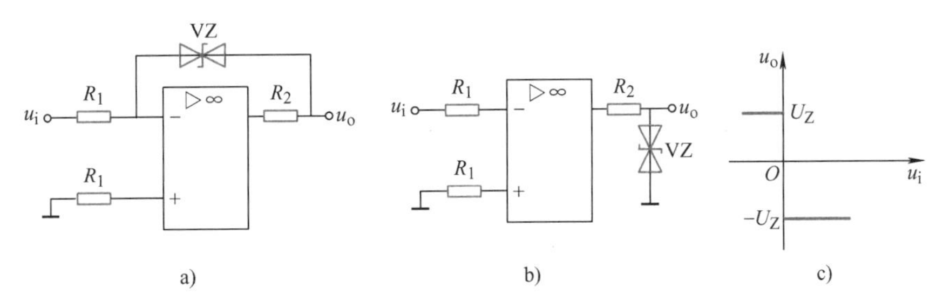

图4-31　输出限幅比较器

a）电路1　b）电路2　c）传输特性

图4-31a利用两个背靠背稳压管实现限幅，图4-31b在输出端接一个限流电阻和两个稳压管来限幅。图4-31c为电路的传输特性，$U_{OH}=U_Z$，$U_{OL}=-U_Z$（忽略稳压管的正向导通电压）。

2. 滞回比较器

基本电压比较器具有电路简单、灵敏度高等优点。但当输入信号变到U_{TH}时，由于干扰或噪声的影响，实际输入信号一会儿大于U_{TH}，一会儿小于U_{TH}，则u_o将在高低电平之间反复跳变，所以其抗干扰能力差，为此可采用滞回比较器。

滞回比较器在基本电压比较器中引入了正反馈，如图4-32a所示。输出带限幅电路，所

以 $u_o = \pm U_Z$。其中 $u_- = u_i$，u_+ 由参考电压 U_{REF} 和输出电压 u_o 共同决定，而 u_o 有 $+U_Z$ 和 $-U_Z$ 两种可能的状态。

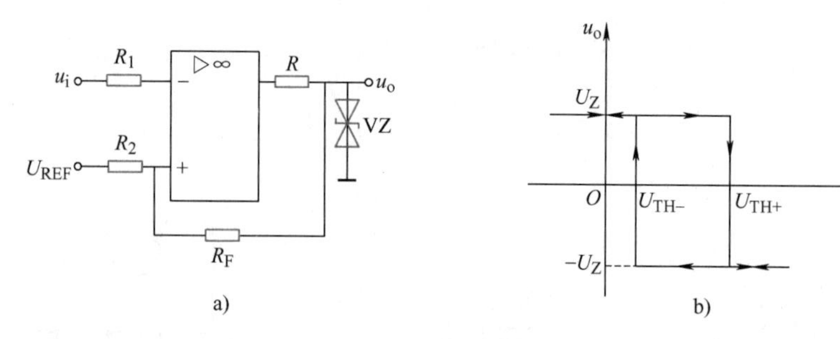

图 4-32　滞回比较器

a）电路　b）传输特性

根据叠加定理可求得同相输入端的电位为

$$u_+ = \frac{R_F}{R_2 + R_F}U_{REF} + \frac{R_2}{R_2 + R_F}u_o \tag{4-28}$$

当 $u_o = +U_Z$ 时对应的 u_+ 称为上限门限电压，用 U_{TH+} 表示，即

$$U_{TH+} = \frac{R_F}{R_2 + R_F}U_{REF} + \frac{R_2}{R_2 + R_F}U_Z \tag{4-29}$$

当 $u_o = -U_Z$ 时对应的 u_+ 称为下限门限电压，用 U_{TH-} 表示，即

$$U_{TH-} = \frac{R_F}{R_2 + R_F}U_{REF} - \frac{R_2}{R_2 + R_F}U_Z \tag{4-30}$$

当 u_i 很小时，$u_+ > u_-$，$u_o = U_{OH} = U_Z$，此时 $u_+ = U_{TH+}$，当 u_i 逐渐增大到 U_{TH+} 时，u_o 从 U_{OH} 跳变到 U_{OL}，即 $u_o = U_{OL} = -U_Z$，与此同时，u_+ 也变成 U_{TH-}，若 u_i 继续增大，则 $u_o = U_{OL} = -U_Z$ 保持不变，这时若减小 u_i，必须当 u_i 减小到 U_{TH-} 时，u_o 才会从 U_{OL} 跳变到 U_{OH}，同时 u_+ 也变成 U_{TH+}，再减小 u_i 时，u_o 保持不变。

由上述分析可以画出该比较器的传输特性如图 4-32b 所示，它类似于磁滞回线，故称为滞回比较器，又称为施密特触发器。两个门限电压之差称为门限宽度或回差电压，用 ΔU_{TH} 表示，即

$$\Delta U_{TH} = U_{TH+} - U_{TH-} = \frac{2R_2}{R_2 + R_F}U_Z$$

改变门限宽度的大小，可以在保证一定的灵敏度下提高抗干扰能力。只要噪声和干扰的大小处在门限宽度内，输出电平就不会出现错误而在高低电平间反复跳变，如图 4-33 所示。

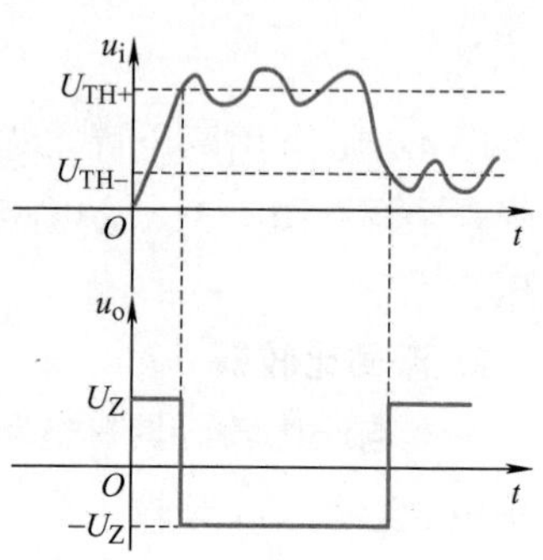

图 4-33　滞回比较器输入/输出波形图

3. 窗口比较器

窗口电压是用来检测给定范围电压的电路，即可判断输入电压是否在某两个电平之间，如图 4-34a 是具有输出限幅

的窗口比较器，它有两个参考电压，并要求 $U_{REF1} > U_{REF2}$。

当 $u_i < U_{REF2}$ 时，运放 A_1 输出低电平，A_2 输出高电平，于是二极管 VD_1 截止，VD_2 导通，则输出电压等于稳压管的稳定电压 U_Z。

当 $u_i > U_{REF1}$ 时，运放 A_1 输出高电平，A_2 输出低电平，于是二极管 VD_1 导通，VD_2 截止，则输出电压也等于稳压管的稳定电压 U_Z。

当 $U_{REF2} < u_i < U_{REF1}$ 时，运放 A_1、A_2 均输出低电平，二极管 VD_1、VD_2 均截止，输出电压等于零。

其电压传输特性如图 4-34b 所示，因为其形状像一个窗口，所以称之为窗口比较器。

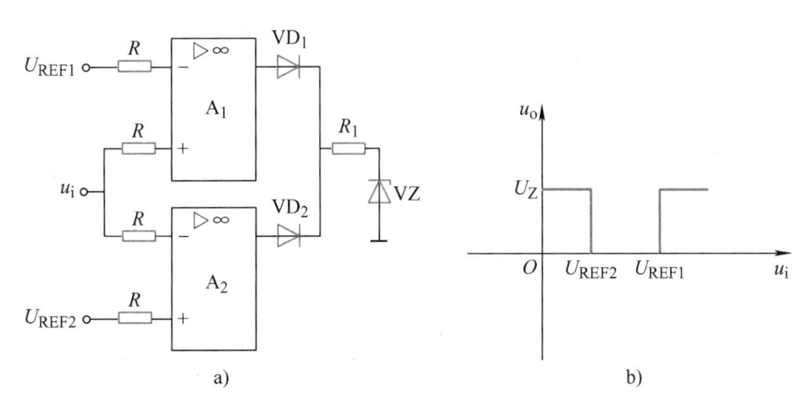

图 4-34　窗口比较器

a）电路　b）传输特性

4.3.3　集成运放的应用注意事项

集成运放分为通用型与专用型两大类。通用型集成运放应用范围广，价格便宜。专用型集成运放某些电气性能特别优异，有高精度型、高输入阻抗型、低功耗型、高速型、高压型、程控型、宽带型等。选用时，先查阅有关集成电路手册，根据需要确定选型。

1. 集成运放的调零和消除自激

在设计运放电路时，要按照要求连接调零电位器及防自激补偿电容 C 或 RC 补偿网络（注：没有外加输入信号，放大器便能产生正弦或其他形式的振荡输出，此现象称为自激。自激一旦发生，放大器的正常放大作用将被破坏）。有些集成运放内部已有补偿网络，外部便不留补偿端，如 CF741。

接好电路后，使输入电压为零，调节调零电位器看输出电压能否调零。如果不能正常调整，则可能接线有误，或有虚焊，或集成运放内部损坏。

2. 集成运放的保护

为使集成运放安全工作，可加保护电路。图 4-35a 是电源接反保护电路，VD_1 和 VD_2 是保护二极管。当电源极性接反时二极管反偏截止，起到保护作用。图 4-35b 是输入和输出保护电路，其中限流电阻 R_1 和二极管 VD_1、VD_2 组成输入保护电路，将集成运放输入电压限制在 ±0.7V 范围内；限流电阻 R_2 和稳压管 VZ 组成输出保护电路，防止输出端短路或接到外部高压时将集成运放损坏。VZ 由两个背靠背的相同的稳压管串接而成，稳定电压为 $\pm U_Z$。

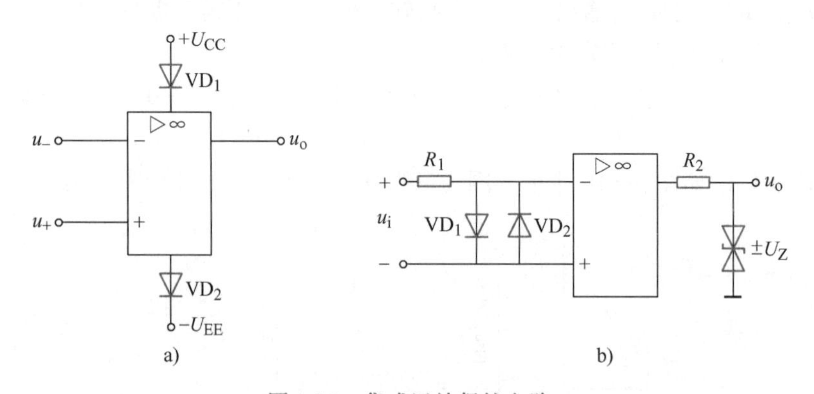

图 4-35　集成运放保护电路

a）电源反接保护电路　b）输入/输出保护电路

集成运放线性应用有时出现阻塞现象。阻塞又称自锁或闩锁，发生时输出电压接近极限值，输入信号加不进去。其原因是集成运放受强干扰或因输入信号过大，而使内部输出管处于饱和或截止所致。此时，只要切断电源，重新接通电路或把集成运放两个输入端短路一下，就能恢复正常。有的集成运放内部设有防阻塞电路。集成运放输入端的限幅保护电路也能起到防阻塞作用。

❖ 实操训练

1. 明确任务

1）仪器和器材（查学习工作页）。

2）技能训练电路图（查学习工作页）。

3）内容和步骤（查学习工作页）。

2. 电路的制作

本电路将在面包板上完成连接或万能板上焊接。

3. 电路调试

1）根据任务单，需要先把电路（集成运放）的直流电源接好。

反相电压比较器的调测要与直流电压信号进行比较，故比较器输入端也要与直流稳压电源相连接。

过零电压比较器是与正弦信号比较。所以要调节信号发生器输出相应的有效值，并连接到比较器输入端。

输出限幅比较器也是与信号发生器联调。

窗口比较器输入端则需要与两路直流稳压电源和信号发生器联调。

2）根据任务单，测量输出信号，反相电压比较器电路可以通过发光二极管直接观察结果，有些电路必须借助示波器的来显示输出波形，调节并读出相应的数值。

4. 职业素养培养

1）完成工作任务的过程中，所有操作都应符合安全操作规程；仪器、仪表使用规范、安全。

2）工具摆放整齐，符合职业岗位要求；使用规范、符合安全要求。

3）搭建电路的模块布局合理，不产生干扰，不存在安全隐患。

4）包装物品、导线线头等的处理符合职业岗位的要求，保持工位的整洁。

5）遵守纪律，尊重团队成员，爱惜实验室的设备和器材。

5. 评价

任务评价主要采用过程评价，以自评、互评和教师评价相结合的方式进行。

❖ 课后习题

电路如图4-36所示，已知 $U_{REF}=2V$，$u_i=10\sin\omega t$（V），$U_Z=3V$，稳压管正向导通电压为0.6V，试画出对应的 u_i 和 u_o 的波形。

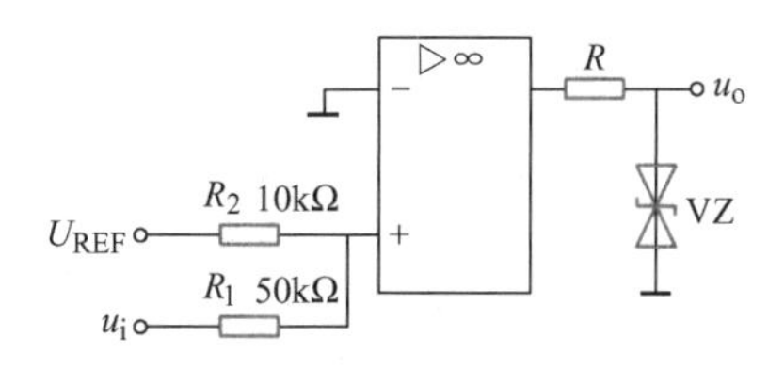

图4-36　习题电路图

信号发生器又称信号源或振荡器，在生产实践和科技领域中有着广泛的应用。其输出信号类型可以是正弦波信号、函数信号、脉冲信号、任意波形信号或者是数字调制信号等。

信号发生器是一种历史悠久的测量仪器。早在 20 世纪 20 年代，当电子设备刚刚出现时，它就出现了。随着通信和雷达技术的发展，20 世纪 40 年代出现了主要用于测试各种接收机的标准信号发生器，使信号发生器从定性分析的测试仪器成为定量分析的测量仪器。同时还出现了可用来测试脉冲电路或用作脉冲调制器的脉冲信号发生器。1964 年出现了第一台全晶体管的信号发生器。20 世纪 60 年代以来，信号发生器有了迅速的发展，出现了函数发生器、扫频信号发生器等新种类。各类信号发生器的主要性能指标也都有了大幅度的提高。

现代电子、计算机和信号处理等技术的发展，极大促进了数字化技术在电子测量仪器中的应用，数字信号发生器随之发展起来。

项目5　信号发生电路的制作

❖项目描述

信号发生器是一种能提供各种频率、波形和输出电平电信号的设备。在测量各种电信系统或电信设备的振幅特性、频率特性、传输特性及其他电参数时，以及测量元器件的特性与参数时，用作测试的信号源或激励源。本项目主要介绍正弦波、方波和三角波等波形产生电路，使学生能够掌握信号发生电路的工作原理，并能够按照工艺要求独立进行电路装配、测试和调试。

❖职业岗位目标

知识目标

- 掌握正弦波振荡电路的振荡条件。
- 掌握几种正弦波振荡电路的结构及特点。
- 掌握非正弦波振荡电路的结构及特点。

能力目标

- 能够进行正弦波振荡电路的原理分析及制作。
- 能够进行非正弦波振荡电路的原理分析及制作。
- 能够熟练使用万用表、示波器等常用仪器仪表。

素质目标

- 严谨认真、规范操作。
- 合作学习、团结协作。

任务 5.1 正弦波振荡电路的制作

❖ 知识链接

凡是在无外加激励信号作用下，能自行产生具有一定频率、一定振幅交流信号的电路，统称为信号发生电路。信号发生电路又称信号源或振荡器。信号发生电路在生产实践和科技领域中有着广泛的应用。在工业、农业、生物医学等领域，如熔炼、淬火、超声诊断、核磁共振成像等，都需要功率或大或小、频率或高或低的振荡器。

振荡器按振荡波形不同可分为正弦波振荡器和非正弦波振荡器两大类。

5.1.1 正弦波振荡电路简介

正弦波振荡电路是在没有外加输入信号的情况下，依靠电路自激振荡而产生正弦波输出电压的电路。正弦波振荡器应用非常广泛。如通信发射设备中的载波发生器、接收设备中的本振电路、各种定时系统中的基准信号电路等。

常用的正弦波振荡器都是利用正反馈原理构成的反馈振荡器，所以又称为反馈式振荡器。

1. 正弦波振荡电路的起振条件

5.1.1-1 正弦波振荡电路的起振条件

正弦波振荡器的组成框图如图 5-1 所示，它由放大器、正反馈网络、选频网络、稳幅电路 4 部分组成。

正弦波振荡电路的起振过程：

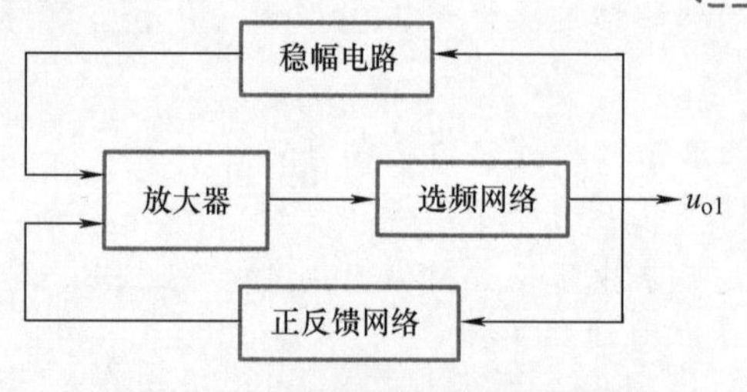

图 5-1 正弦波振荡器的组成框图

电扰动→选频→放大→非线性区→平衡

↑ ↓

正反馈

当振荡器接通直流电源瞬间，由于内部噪声或电流冲击，放大器中晶体管出现微弱的集电极电流 i_c，i_c中含有大量不同频率的正弦波。当 i_c通过放大器的选频网络时，利用选频网络的选频作用，将近似等于选频网络固有谐振频率的正弦波分量选出来建立起电压，而其他频率分量，都被选频网络滤除。这个电压通过反馈网络回授到放大器的输入端，由放大器进行放大，若引入的是正反馈，则此电压经放大→反馈→放大→…，多次循环，振荡电压振幅不断增加，直至平衡（即幅度稳定在一定电平上）。

振荡器起振必须满足“振幅起振条件”和“相位起振条件”。

（1）正弦波振荡电路的幅度条件

1）若$|\dot{A}\dot{F}|<1$，则电路不能起振。

2）若$|\dot{A}\dot{F}|>>1$，则电路能起振。

3）若$|\dot{A}\dot{F}|$稍大于1，则电路能起振，起振后经稳幅电路容易满足幅度平衡条件，且波形不失真。

显然，在使用晶体管作为振荡管时，在起振时振荡管应工作在甲类状态，才能保证放大器具有足够大的电压增益A_u，使电路自行起振，振荡电压振幅不断增大。

起振一旦发生，振荡电压的幅值将逐渐增加，但这种增加是不会永无休止的。随着输入信号（即正反馈回来的信号）的增加，放大器逐渐由放大区进入截止区或饱和区，使增益下降。当整个闭环增益下降至1时，振荡电压的幅值将不再增加，振荡器达到平衡。

（2）振荡的平衡条件

1）振幅平衡条件：$|\dot{A}\dot{F}|=1$，即反馈信号足够大。

2）相位平衡条件：$\varphi_A+\varphi_F=2n\pi$（$n=0, 1, 2, \cdots$）

2. 正弦波振荡电路的分类

按电路形式分类，常用的正弦波振荡器有 *RC* 振荡器、*LC* 三点式振荡器、晶体振荡器及互感耦合振荡器等。它们都是利用正反馈原理构成的反馈振荡器，所以又称为反馈式振荡器。

5.1.2　*RC*正弦波振荡电路

5.1.2　*RC* 正弦波振荡电路

若要产生频率低于几十 kHz 的正弦信号，对于 *LC* 振荡器，由于$f=1/(2\pi\sqrt{LC})$，所需电感 *L* 及电容 *C* 数值过大，因此不宜选用。这时可采用下面介绍的 *RC* 正弦波振荡器。

RC 正弦波振荡器的选频网络由 *RC* 元件构成。根据 *RC* 反馈网络的结构，*RC* 振荡器通常可分为移相式及 *RC* 桥式两类。

1. *RC* 移相振荡器

（1）*RC* 移相网络

常用的 *RC* 移相网络如图 5-2 所示。其中图 5-2a 为相位超前网络，图 5-2b 为相位滞后网络。

图 5-2a 所示网络的电压传输系数为

$$\dot{K}=\frac{\dot{U}_o}{\dot{U}_i}=\frac{R}{R+\frac{1}{j\omega C}}=\frac{j\omega CR}{1+j\omega CR}=\frac{\omega^2C^2R^2}{1+\omega^2C^2R^2}+j\frac{\omega CR}{1+\omega^2C^3R^2}=a+jb \tag{5-1}$$

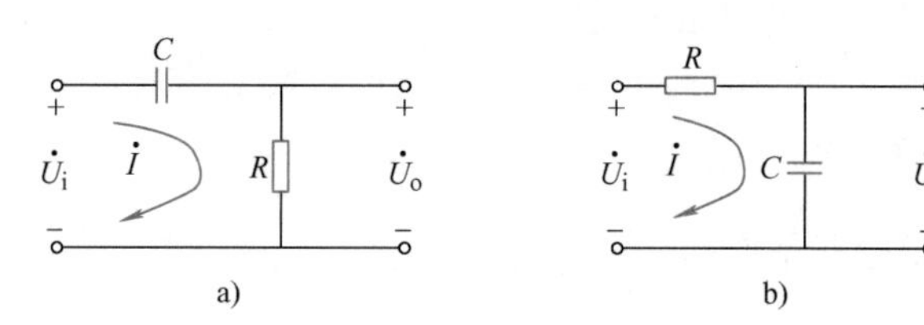

图 5-2　RC 移相网络

a）相位超前网络　b）相位滞后网络

式(5-1) 的矢量图如图 5-3a 所示。由于 a 和 b 都是由元件值和角频率组合而成，其值必大于零，所以，K 必然在第一象限内，$0° < \varphi < 90°$。可见 $\dot{U}_o$超前于 $\dot{U}_i$，且超前相移随着 ω 增加而增大，故称此移相网络为超前网络。

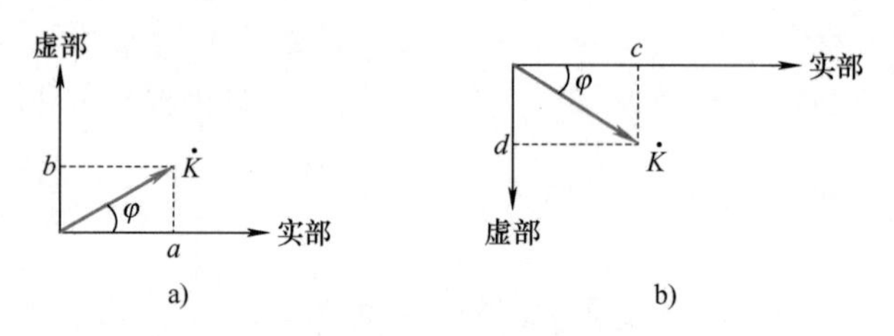

图 5-3　电压传输系数 $\dot{K}$ 的矢量图

图 5-2b 所示网络的电压传输系数为

$$\dot{K}=\frac{\dot{U}_o}{\dot{U}_i}=\frac{\frac{1}{j\omega C}}{R+\frac{1}{j\omega C}}=\frac{1}{1+\omega^2C^2R^2}-j\frac{\omega CR}{1+\omega^2C^2R^2}=c-jd \tag{5-2}$$

式(5-2) 的矢量图如图 5-3b 所示。由于 c 和 d 的值必大于零，所以 K 必然在第四象限内，$-90° < \varphi < 0°$，即 $\dot{U}_o$ 滞后于 $\dot{U}_i$，且滞后相移随着 ω 增加而增大，故称此移相网络为滞后网络。

综上所述，每节 RC 移相网络的相移小于 90°（不能等于 90°，因等于 90°时电压传输系数幅值 $K\approx 0$）。因此，用作振荡器中的反馈网络时，若放大器的相移为 180°，则要实现正反馈，RC 移相网络也必须相移 180°，所以至少要三节级联而成，如图 5-4 所示。

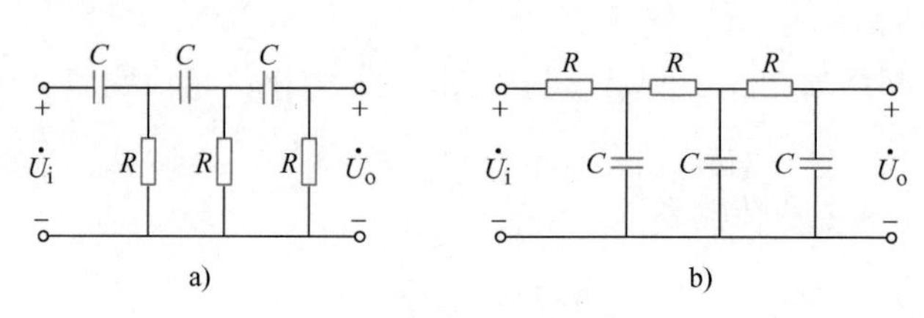

图 5-4　180°相移网络

（2）*RC* 移相振荡器

图 5-5 为 *RC* 移相振荡器，由放大器及反馈网络两部分组成。其中晶体管 VT 等构成分压式偏置共射放大器，C_4为高频旁路电容。放大器集电极输出电压滞后基极输入电压 180°。

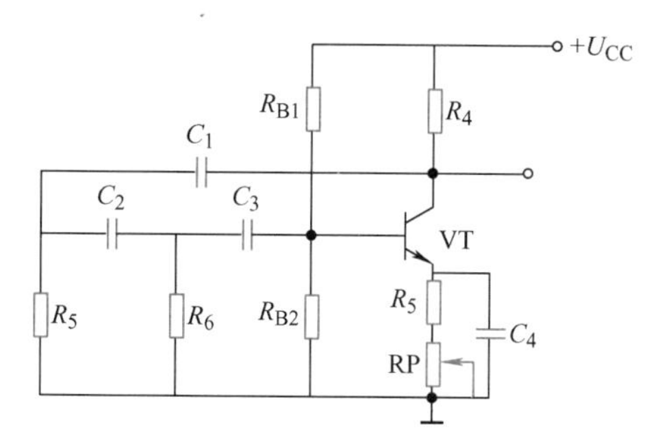

图 5-5　*RC* 移相振荡器

由 $C_1 \sim C_3$、R_5、R_6及放大器输入电阻 R_i组成三节 *RC* 移相网络，构成反馈网络，对于某一频率信号而言总相移为 180°。放大器的集电极输出信号经 *RC* 移相网络回授给放大器输入端，实现正反馈，满足振荡器的相位条件。一般取 $C_1 = C_2 = C_3 = C$ 且 $R_5 = R_6 = R_i = R$。由理论分析可知该振荡器的振荡频率为 $f_0 \approx 1/(2\pi\sqrt{6}RC)$，振幅起振条件为放大器的电压放大倍数，即 $A_u>29$。

RC 移相振荡器结构简单，价格便宜，电路中无电感元件，有利于小型化。但由于 *RC* 网络的滤波性能较差，所以振荡波形不好，且输出幅度不稳定，频率调整范围不够宽。为了克服上述缺点，可采用 *RC* 桥式振荡器。

2. *RC* 桥式振荡器

在 *RC* 桥式振荡器中，反馈网络采用 *RC* 串并联选频网络。

（1）*RC* 串并联选频网络

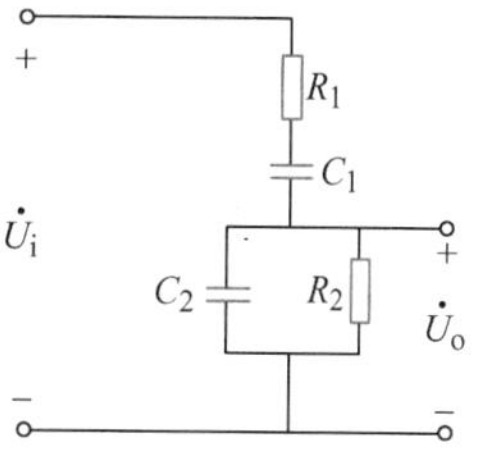

RC 串并联选频网络的结构如图 5-6 所示。通常选用 $R_1 = R_2 = R$，$C_1 = C_2 = C$。

图 5-6　*RC* 串并联选频网络

将 R_1C_1串联阻抗以 Z_1表示，R_2C_2的并联阻抗以 Z_2表示，它们分别为

$$Z_1 = R_1 + \frac{1}{j\omega C_1} = R + \frac{1}{j\omega C} \tag{5-3}$$

$$Z_2 = \frac{1}{\frac{1}{R_2} + \frac{1}{j\omega C_2}} = \frac{R_2}{1 + j\omega C_2 R_2} = \frac{R}{1 + j\omega CR} \tag{5-4}$$

根据分压比的关系，可得输出电压 $\dot{U}_o$与输入电压 $\dot{U}_i$之间的关系，即网络传输系数为

$$\dot{K} = \frac{\dot{U}_o}{\dot{U}_i} = \frac{Z_2}{Z_1 + Z_2} = \frac{1}{3 + j\left(\omega CR - \frac{1}{\omega CR}\right)} \tag{5-5}$$

令 $\omega_0=\dfrac{1}{RC}$，并代入式(5-5)，可得

$$\dot{K}=\frac{\dot{U}_o}{\dot{U}_i}=\frac{1}{3+j\left(\dfrac{\omega}{\omega_0}-\dfrac{\omega_0}{\omega}\right)}=\frac{1}{3+j\left(\dfrac{f}{f_0}-\dfrac{f_0}{f}\right)}=Ke^{j\varphi} \tag{5-6}$$

其中

$$K=1/\sqrt{3^2+\left(\frac{f}{f_0}-\frac{f_0}{f}\right)^2} \tag{5-7}$$

$$\varphi=-\arctan\frac{\dfrac{f}{f_0}-\dfrac{f_0}{f}}{3}$$

当输入信号角频率 $\omega=\omega_0=\dfrac{1}{RC}$或$f=f_0=\dfrac{1}{2\pi RC}$时

$$\begin{cases}K=K_0=\dfrac{1}{3}\text{（为最大值）}\\ \varphi=0\end{cases}$$

这表明，此时网络传输系数为最大，相移 $\varphi=0$。

可得 K 与 f 关系，称为此网络的幅频特性，如图 5-7a 所示。可得 φ 与 f 关系，称为此网络的相频特性，如图 5-7b 所示。可见，此网络具有选频特性。

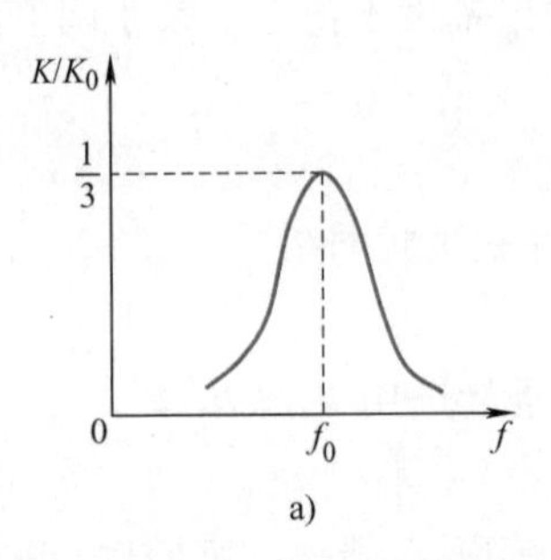

a)

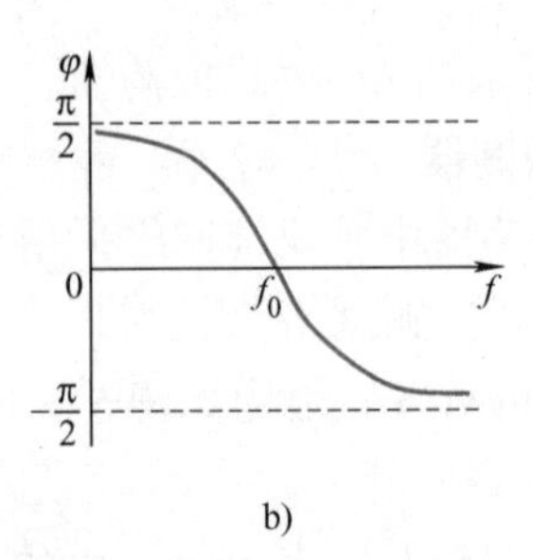

b)

图 5-7　*RC* 串并联选频网络的频率特性

a）幅频特性　b）相频特性

（2）*RC* 桥式振荡器

根据反馈式振荡器的基本组成原则，由 *RC* 串并联选频网络与同相放大器便可构成 *RC* 桥式振荡器，原理框图如图 5-8 所示。图中，同相放大器可用多级放大器，也可用集成运算放大器；反馈网络则为 *RC* 串并联网络。放大器的输出端接反馈网络的输入端，而反馈网络的输出端则与放大器输入端相连，构成振荡信号的闭合环路。因为放大器的输出信号与输入信号同相。如果信号频率 $f=f_0$，那么，放大器输出的信号经反馈网络（此时相移 $\varphi=0$）回到放大器输入端的信号为正反馈信号。所以此电路具备振荡器的相位条件。由于此时反馈网

络的传输系数 $K_0=1/3$，这相当于反馈系数 $F=1/3$，因此，只要放大器的电压增益 $A_u>3$，电路便能激起振荡。

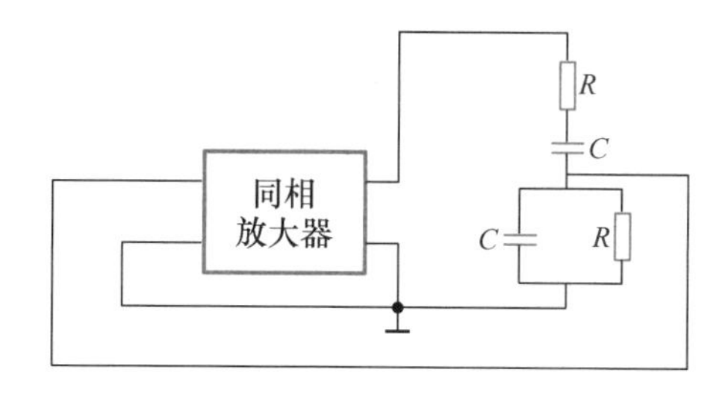

图 5-8　*RC* 串并选频网络组成振荡器框图

按图 5-8 原理框图构成的实际振荡器如图 5-9a 所示。图中，C_1、C_2和 R_1、R_2构成 *RC* 串并联选频网络，是正反馈网络。具有负温度系数特性的热敏电阻 R_t及电位器 RP 构成负反馈网络。将两反馈网络单独画出如图 5-9b 所示，可见，它们组成了一个电桥电路，所以称此类振荡器为桥式振荡器。

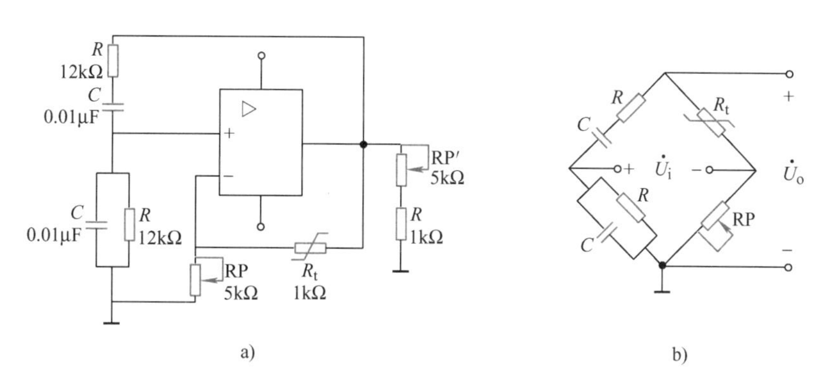

图 5-9　*RC* 桥式振荡器

由 R_t和 RP 引入的负反馈能起到稳定振荡器输出振幅的作用，其原理如下：若输出振幅不稳，例如 $\dot{U}_o$增大，则流过 R_t的电流也增大，R_t功耗增加，温度上升，由于 R_t具有负温度系数，所以 R_t阻值变小，于是 RP 两端分压值变大，负反馈变强，使放大器放大倍数减小，从而使 $\dot{U}_o$ 减小，实现了稳幅。

本电路的振荡频率主要取决于 *RC* 串并联选频网络，若将 C_1、C_2改成双联可变电容器，或将 R_1、R_2改成双节同轴电位器，均能在较宽频率范围内调节其振荡频率。在宽带音频振荡器中，正是采用这种方法来进行频率调整的。

5.1.3　*LC* 正弦波振荡电路

5.1.3　*LC*正弦波振荡电路

本节介绍另一类应用广泛的三点式振荡器——三点式 *LC* 振荡器。

所谓三点式振荡器是指其交流通路中，LC 回路选频网络的三个端点与放大器晶体管 VT 的三个电极（集电极 c、基极 b、发射极 e）分别连接而组成的一种振荡器。其高频等效原理电路如图 5-10a 所示。X_1、X_2、X_3表示组成选频网络的电抗元件。

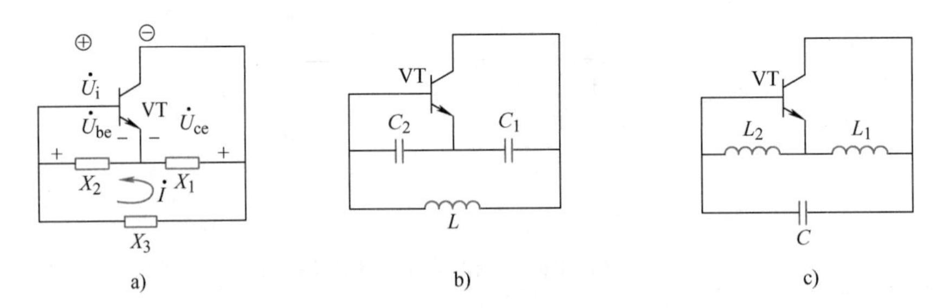

图 5-10　三点式振荡器高频等效原理电路

a）三点式　b）电容三点式　c）电感三点式

由于振荡器的振幅起振条件是 $A_uF>1$，假设反馈系数 $F=0.1$，那么只需 $A_u>10$ 振荡器就可以起振。单级共射组态的放大倍数都可达几十，所以振幅起振条件是很容易实现的。下面主要讨论它的相位条件的判断法则。

设 $\dot{U}_i$ 瞬时为⊕，则 $\dot{U}_{ce}$瞬时为⊖，如图 5-10a 所示，按照图示电流电压的规定方向，则相对 $\dot{I}$ 方向，$\dot{U}_{be}$的相位必须与 $\dot{U}_{ce}$的相位相反，引入的才是正反馈。根据并联谐振时各支路电流相等且为总电流 Q（并联谐振回路的品质因数）倍的特点，对于 X_1、X_2、X_3并联谐振回路，当它工作在谐振状态时，流经 X_1的电流为 $\dot{I}$，近似与 X_2、X_3支路电流相同，因此

$$\dot{U}_{be}=-jX_2\dot{I}，\dot{U}_{ce}=jX_1\dot{I} \tag{5-8}$$

由式(5-8) 可见，要使 $\dot{U}_{be}$与 $\dot{U}_{ce}$相位相反，要求 X_2与 X_1同时为正值或同时为负值，即为同性电抗元件。又由于 LC 选频网络在谐振时呈纯阻性，即 $X_1+X_2+X_3=0$，所以 X_3应与 X_1、X_2互为异性电抗。

综上所述，三点式振荡器的相位条件判断法则如下。

1）X_1与 X_2为同性电抗元件（均为容性或均为感性）。其中，为容性的称为电容三点式电路，如图 5-10b 所示；为感性的称为电感三点式电路，如图 5-10c 所示。

2）X_3应与 X_1、X_2互为异性电抗。在电容三点式电路中为感性，在电感三点式电路中为容性。

三点式振荡器的相位判断法则又可简单记为：与发射极连接的必须是同性电抗元件，不与发射极连接的必须是异性电抗元件。

1. 电感三点式 LC 振荡器

图 5-11 所示为电感三点式 LC 振荡器。

如图 5-11a 所示，若给基极一个正极性信号，则晶体管集电极得到负极性信号。在 LC 并联回路中，1 端对“地”为负，3 端对“地”为正，故为正反馈，满足振荡的相位条件。

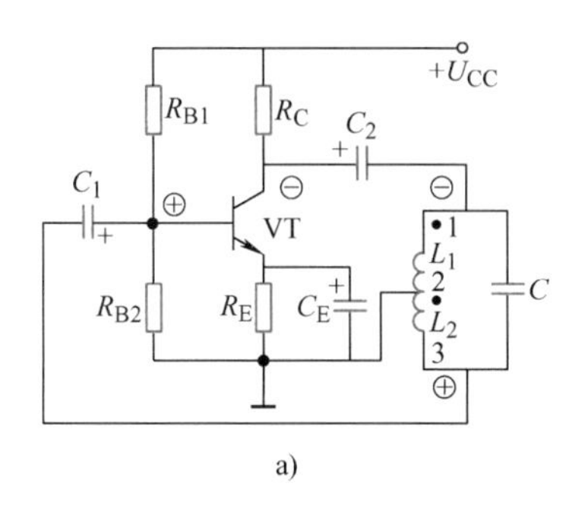

a)

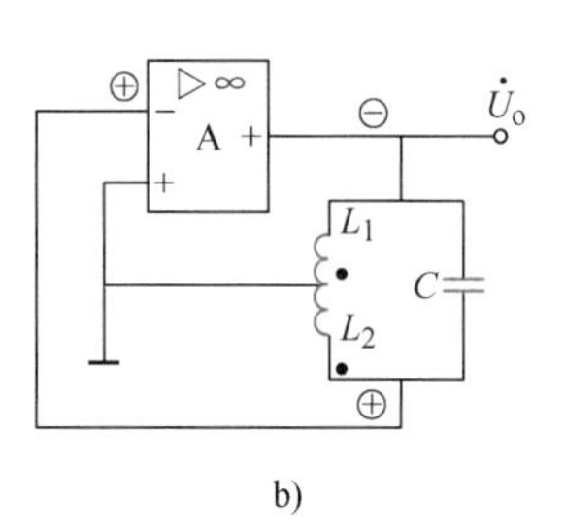

b)

图 5-11　电感三点式 LC 振荡器

a）晶体管作为放大器　b）运放作为放大器

振荡的幅值条件可以通过调整放大电路的放大倍数 A_u 和 L_2上的反馈量来满足。该电路的振荡频率由 LC 并联谐振回路决定，即 $f_0 = \dfrac{1}{2\pi\sqrt{LC}}$。

由于 L_1 和 L_2是用一个线圈绕制而成，耦合紧密，因而容易起振，并且振荡幅度和调频范围大，但输出波形质量较差，本电路一般用于产生几十 MHz 以下正弦波，可用于收音机的本机振荡电路及高频加热器等。

2. 电容三点式 LC 振荡器

如图 5-12 所示为电容三点式 LC 振荡器。

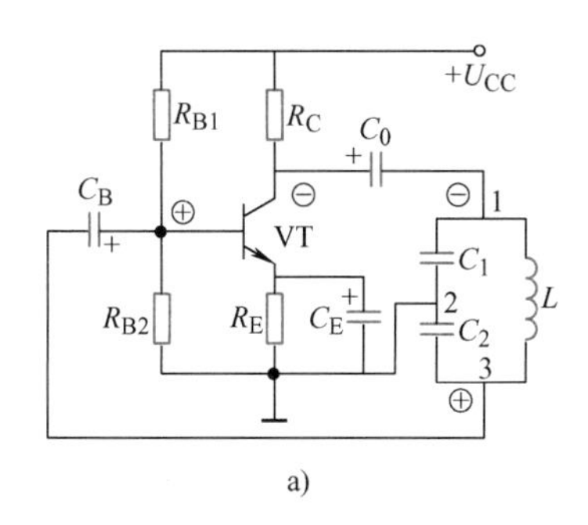

a)

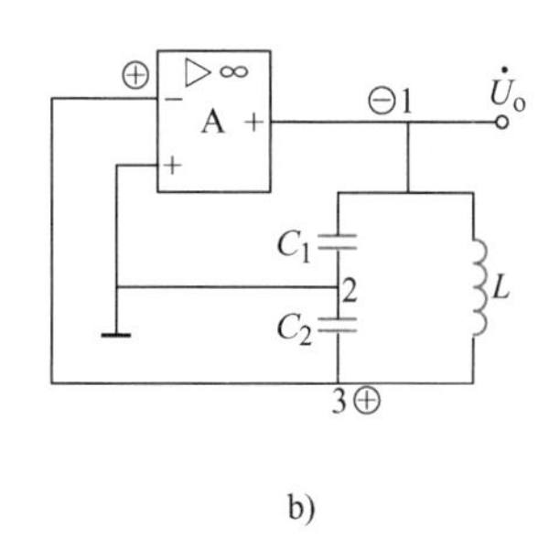

b)

图 5-12 电容三点式 LC 振荡器

a）晶体管作为放大器　b）运放作为放大器

振荡频率为

$$f_0 = \frac{1}{2\pi\sqrt{LC}}$$

式中，$C = \dfrac{C_1 \cdot C_2}{C_1 + C_2}$。

由于反馈电压取自 C_2，电容对高次谐波容抗小，高次谐波被短路，反馈和输出的高次谐波分量少，振荡产生的正弦波形较好，但 C_1和 C_2的改变会直接影响反馈信号的大小，改变起振条件，因而调节频率的范围较小。本电路产生的振荡频率可达 100MHz 以上。

【例 5-1】 应用上述判断法则，判断图 5-13 所示电路是否符合相位平衡条件。

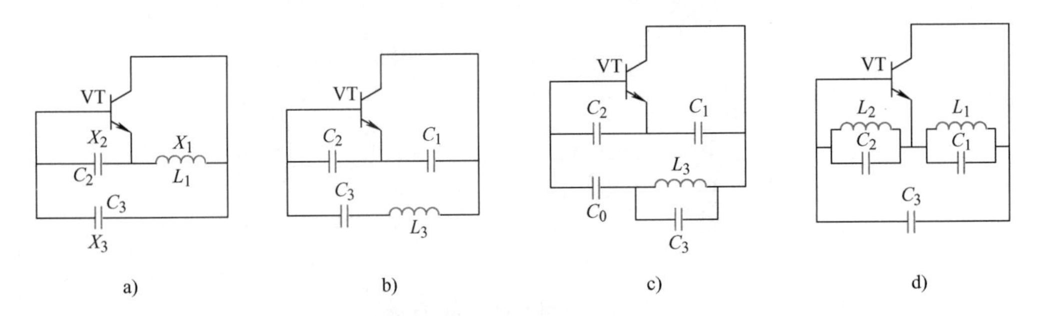

图 5-13 相位判断法则应用举例

解：图 5-13a 所示电路中，X_1是电感，X_2是电容，不符合相位判断法则第一条，即以此等效电路为基础所构成的三点式振荡器不满足相位条件，不能起振。

图 5-13b 所示电路中，X_1和 X_2都是电容，符合法则第一条。X_3为 L_3和 C_3串联支路电抗，其电抗特性如图 5-14 所示。其中，$f_s=1/(2\pi\sqrt{L_3C_3})$是 L_3与 C_3串联支路的固有谐振频率，只有当信号频率$f>f_s$时，X_3呈感性，才能满足相位判断法则第二条。因此，依照此等效电路所构成的三点式振荡器可以起振，且振荡频率 $f_0>f_s$。

图 5-13c 所示电路中，X_1和 X_2都是电容，符合相位法则第一条。X_3为 L_3与 C_3并联后与 C_0串联而成，其电抗特性如图 5-15 所示。其中，$f_p=1/(2\pi\sqrt{L_3C_3})$，$f_s=1/[2\pi\sqrt{L_3(C_3+C_0)}]$，只有当信号频率满足$f_s<f<f_p$时，$X_3$才呈感性，即才能满足相位判断法则第二条。因此，依照此等效电路所构成的三点式振荡器可以起振，且振荡频率f_0满足$f_s<f_0<f_p$。

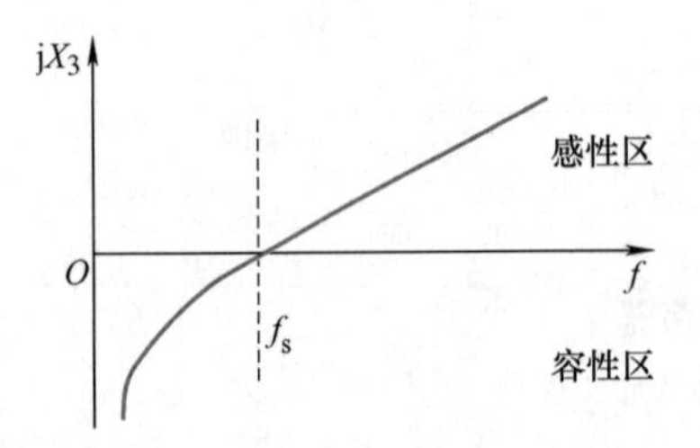

图 5-14 L_3与 C_3串联电抗特性

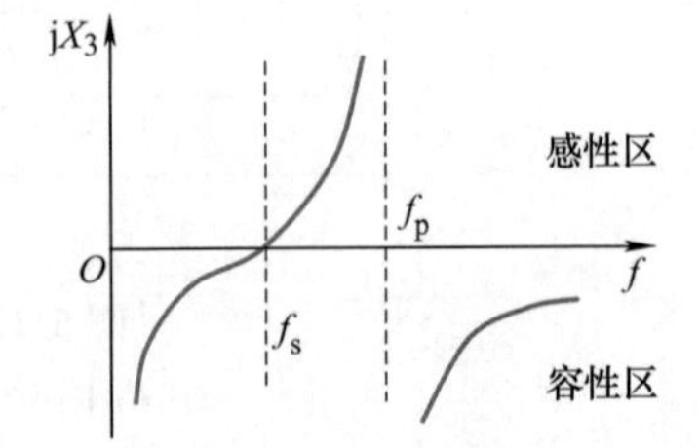

图 5-15 L_3与 C_3并联后与 C_0串联的电抗特性

图 5-13d 所示电路中，X_1为 L_1C_1并联支路电抗，X_2为 L_2C_2并联支路电抗，它们的特性如图 5-16 所示，其中，$f_{01}=1/(2\pi\sqrt{L_1C_1})$，$f_{02}=1/(2\pi\sqrt{L_2C_2})$，且假设$f_{01}<f_{02}$。由于 X_3为容性，根据法则，X_1和 X_2必须为感性，该电路才能起振。从图 5-16 可见，当信号频率 $f<f_{01}$时，X_1和 X_2同时呈感性。因此，依照此等效电路所构成的三点式振荡器可以起振，且振荡频率f_0低于f_{01}、f_{02}中小的一个，记作$f_0<\min\{f_{01},f_{02}\}$。

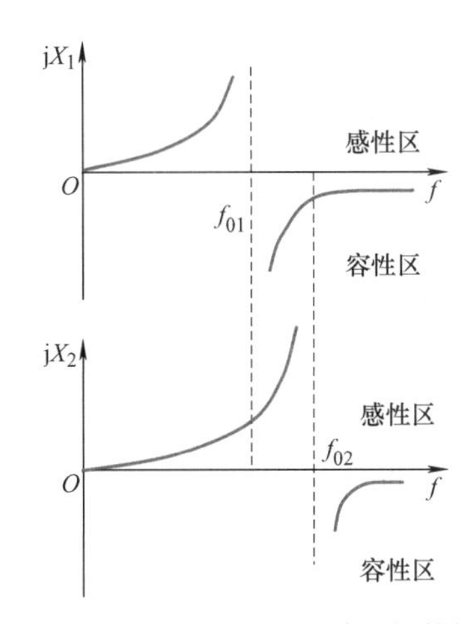

图 5-16　L_1C_1及L_2C_2回路电抗特性

5.1.4　石英晶体振荡器

一般 LC 振荡器的频率稳定度只能达到 $10^{-5}\sim10^{-3}$数量级。如果要求频率稳定度超过 10^{-5}，必须采用晶体振荡器。

石英晶体振荡器简称为晶振，它是利用具有压电效应的石英晶体片制成的。这种石英晶体薄片受到外加交变电场的作用时会产生机械振动，当交变电场的频率与石英晶体的固有频率相同时，振动便变得很强烈，这就是晶体谐振特性的反应。

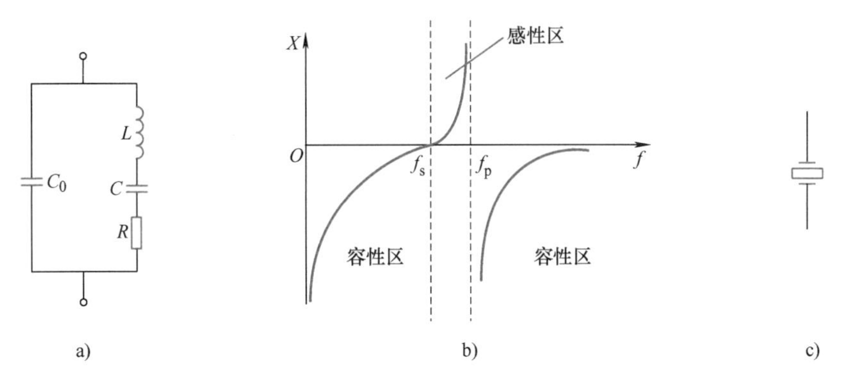

图 5-17　石英晶体的等效电路、频率特性及图形符号

a）等效电路　b）频率特性　c）图形符号

由图 5-17a 石英晶体的等效电路可知，石英晶体有两个谐振频率，即：

1）$L-C-R$ 支路串联谐振频率$f_s=1/2\pi\sqrt{LC}$。

2）并联谐振频率f_p。

当$f>f_s$时，$L-C-R$ 支路呈感性，与 C_0产生并联谐振，有

$$f_p=f_s\sqrt{1+(C/C_0)} \tag{5-9}$$

晶体振荡器有一个标称频率f_N，其值介于f_s与f_p之间。f_N是指石英晶体两端并接一个电

容时的振荡频率，所接的电容值应按产品说明书规定，高频晶体通常用 30pF，低频晶体通常用 100pF。

1. 并联型晶体振荡器

晶体振荡器的基本工作原理与 *LC* 振荡器相同。晶体在并联型晶体振荡器中起电感作用，常用电路形式如图 5-18 所示，由图可见，均为三点式振荡器电路。在图 5-18a 电路中，石英晶体跨接在集电极与基极之间，起电感作用，构成电容三点式振荡器。图 5-18b 电路中，石英晶体跨接在发射极与基极之间，起电感作用，构成电感三点式振荡器。

根据图 5-18a 构成的晶体振荡器如图 5-19 所示，图中，R_1 与 R_2 为偏流电阻；R_3 为自偏电阻；C_3 为高频旁路电容；L_C 为高频扼流圈。

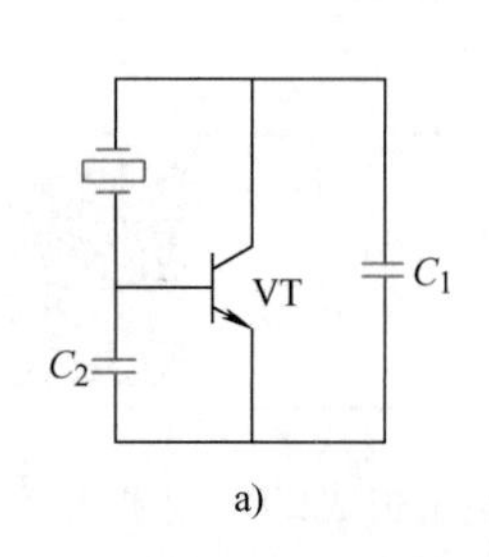

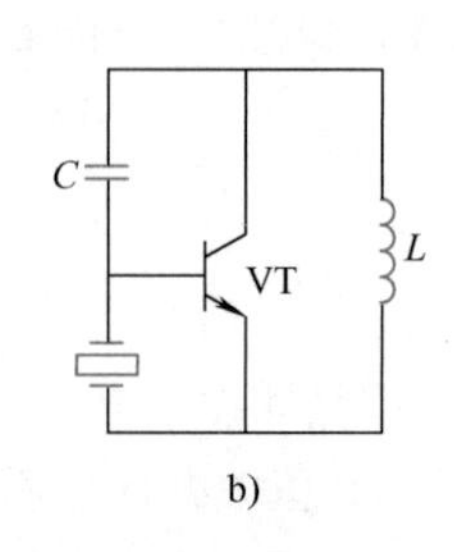

图 5-18　常用并联型晶体振荡器电路形式

a）电容三点式振荡器　b）电感三点式振荡器

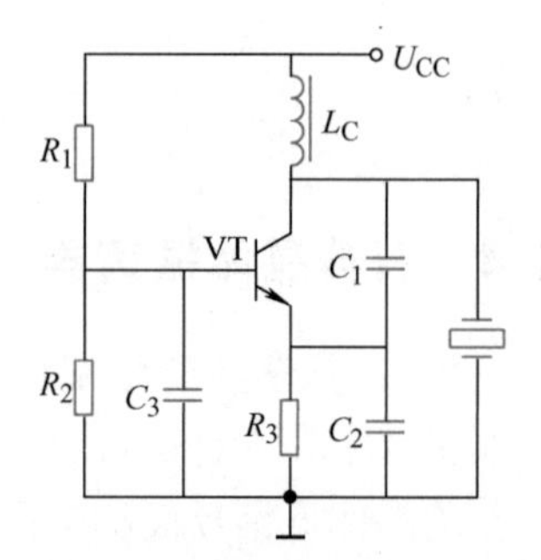

图 5-19　晶体振荡器原理电路

2. 串联型晶体振荡器

由晶体电抗特性曲线可知，当 $f=f_s$ 时，晶体相当于一“短路”元件，在串联型晶体振荡器中正是利用晶体的这一特性选频的。图 5-20a 为串联型晶体振荡器原理图，振荡频率 f_0 等于晶体的固有串联谐振频率 f_s，故晶体在电路中等效于短路元件。R_1 与 R_2 为偏流电阻，R_3 为自偏电阻，R_4 为集电极直流负载电阻，C_4、C_5 为高频旁路电容。其高频等效电路如图 5-20b所示，其中石英晶体支路等效于短路，可视为电容三点式振荡器。

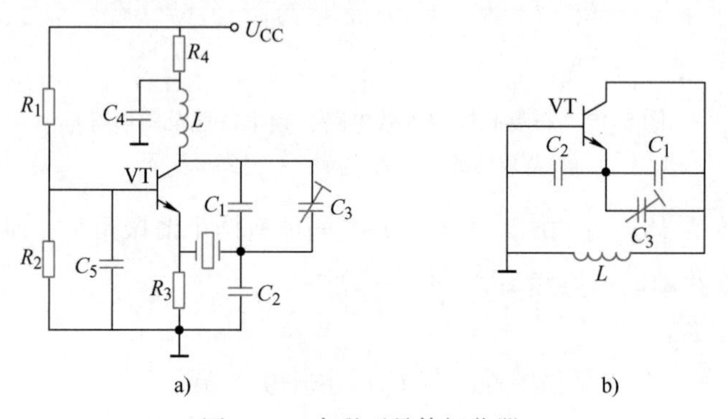

图 5-20　串联型晶体振荡器

a）原理图　b）高频等效电路

❖ 实操训练

1. 明确任务

1）仪器和器材（查学习工作页）。

2）技能训练电路图（查学习工作页）。

3）内容和步骤（查学习工作页）。

2. 电路的制作

本电路将在面包板上完成连接或在万能板上焊接。

3. 电路调试

1）对照电路原理图检查各元器件安装是否正确，检查元器件的连接极性及电路连线，然后接通电源进行调试。

2）接通电源，观察电路输出端电压的变化。

4. 职业素养培养

1）完成工作任务的过程中，所有操作都应符合安全操作规程；仪器、仪表使用规范、安全。

2）工具摆放整齐，符合职业岗位要求；使用规范，符合安全要求。

3）搭建电路的模块布局合理，不产生干扰，不存在安全隐患。

4）包装物品、导线线头等的处理符合职业岗位的要求，保持工位的整洁。

5）遵守纪律，尊重团队成员，爱惜实验室的设备和器材。

5. 评价

任务评价主要采用过程评价，以自评、互评和教师评价相结合的方式进行。

❖ 课后习题

1. 正弦波振荡电路的振幅平衡条件是________，相位平衡条件是________。

2. 在 *RC* 桥式正弦波振荡电路中，通过 *RC* 串并联网络引入的反馈是________反馈。

3. 根据反馈形式的不同，*LC* 振荡电路可分为________反馈式和三点式两类，其中三点式振荡电路又分为________三点式和________三点式两种。

4. 电容三点式和电感三点式两种振荡电路相比，容易调节频率的是________三点式电路，输出波形较好的是________三点式电路。

5. 并联型晶体振荡电路中，石英晶体用作高 Q 值的________元件。和普通 *LC* 振荡电路相比，晶体振荡电路的主要优点是____________。

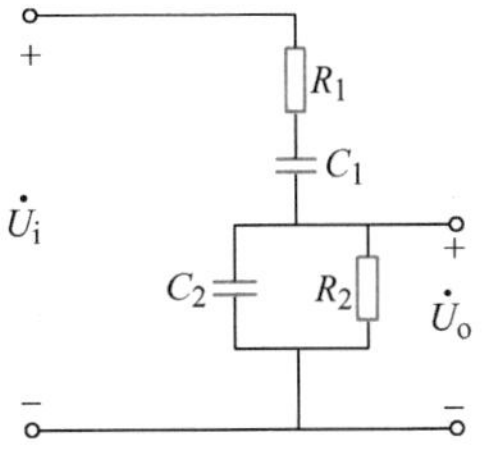

6. 如图 5-21 所示电路为 *RC* 串并联网络，当信号频率 $f=$________时，其传输函数 $\left|\dfrac{\dot{U}_o}{\dot{U}_i}\right|$ 幅值最大，为________，输出电压与输入电

图 5-21　习题 6 电路图

压间的相移为________。

7. 采用________选频网络构成的振荡电路称为 RC 振荡电路，它一般用于产生________频正弦波；采用________作为选频网络的振荡电路称为 LC 振荡电路，它主要用于产生________频正弦波。

任务 5.2　非正弦波振荡电路的制作

❖ 知识链接

任务5.2　非正弦波振荡电路的制作

在实用电路中除了常见的正弦波外，还有方波、三角波、锯齿波等波形。在脉冲和数字系统中，方波、三角波、锯齿波等非正弦波信号被广泛应用。

方波电路是其他非正弦波振荡电路的基础，是由滞回比较电路和 RC 定时电路构成的振荡电路。

5.2.1　方波发生器

方波发生电路属于矩形波电路的特例。由于方波电压只有两种状态，不是高电平，就是低电平，所以电压比较器是它的重要组成部分。因需要产生振荡，要求输出的两种状态自动地相互转换，所以电路中必须引入反馈。又因为输出状态按一定的时间间隔交替变化，所以电路中要有延迟环节来确定每种状态维持的时间。故方波电路由滞回比较电路和 RC 定时电路构成，电路如图 5-22 所示。

电源刚接通时，设 $v_C=0$，$v_o=+V_Z$，所以 $V_P=\dfrac{R_2V_Z}{R_1+R_2}$，电容 C 充电，v_C 升高。如图 5-23 所示为方波发生电路的输出波形。

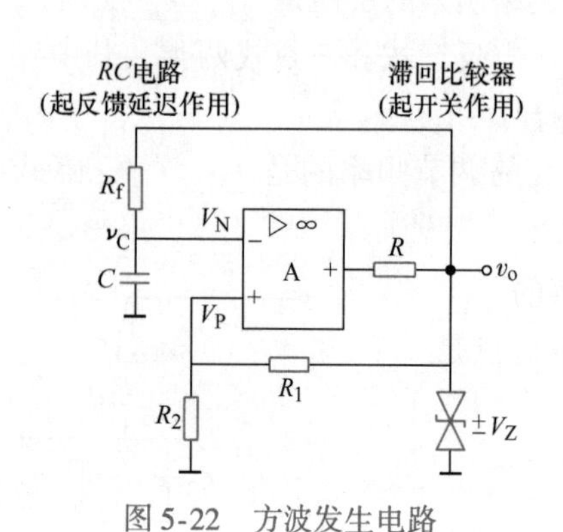

图 5-22　方波发生电路

图 5-23　方波发生电路的输出波形

当$\nu_C=V_N \geqslant V_P$时，$\nu_o=-V_Z$，$V_P=-\frac{R_2V_Z}{R_1+R_2}$，所以电容$C$放电，$\nu_C$下降。当$\nu_C=V_N \leqslant V_P$，$\nu_o=+V_Z$时，返回初态。当输出波形的高电平时间$T_1$与低电平时间相等时，输出的波形即为方波。方波周期$T$用过渡过程公式可以求出：

$$T=2R_fC\ln\left(1+\frac{2R_2}{R_1}\right) \tag{5-10}$$

在脉冲电路中，将方波中高电平的时间T_1与周期T之比称为占空比：

$$q=\frac{T_1}{T} \tag{5-11}$$

方波占空比为50%。

5.2.2　三角波发生器

三角波发生器电路如图5-24所示。它是由滞回比较器和积分器闭环组合而成的。

1）当$\nu_{o1}=+V_Z$时，电容C充电，同时ν_o按线性逐渐下降，当使A_1的V_P略低于V_N时，ν_{o1}从$+V_Z$跳变为$-V_Z$，其输出波形如图5-25所示。

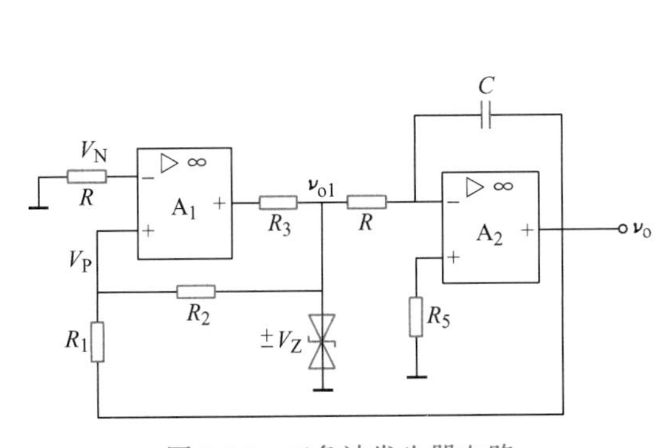

图5-24　三角波发生器电路

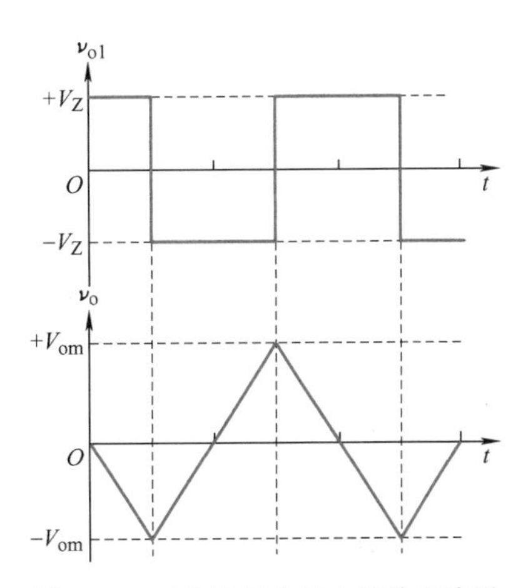

图5-25　三角波发生器电路输出波形

2）在$\nu_{o1}=-V_Z$后，电容C开始放电，ν_o按线性上升，当使A_1的V_P略大于零时，ν_{o1}从$-V_Z$跳变为$+V_Z$，如此周而复始，产生振荡。ν_o的上升时间和下降时间相等，斜率绝对值也相等，故ν_o为三角波。

3）输出峰值为

$$V_{om}=\frac{R_1}{R_2}V_Z,\ V_{om}=-\frac{R_1}{R_2}V_Z \tag{5-12}$$

4）振荡周期为

$$T=4R_4C\frac{V_{om}}{V_Z}=\frac{4R_4R_1C}{R_2} \tag{5-13}$$

5.2.3 锯齿波发生器

如果积分电路正向积分时间常数和反向积分时间常数相差很大，则输出电压的上升和下降斜率相差很大，就可以获得锯齿波。

锯齿波发生器的电路如图 5-26 所示。其中 RP >> R_3。

设电位器 RP 的滑动端移动到最上端，当 $v_{o1} = +V_Z$ 时 VD_1 导通，VD_2 截止，$v_o = -\frac{V_Z}{R_3C}(t_1-t_0)+v_o(t_0)$，$v_o$ 线性下降。当 $v_{o1} = -V_Z$ 时 VD_2 导通，VD_1 截止，$v_o = \frac{V_Z}{(R_3+R_W)C}(t_2-t_1)+v_o(t_1)$，$v_o$ 线性上升。因为 RP >> R_3，所以 $t_2-t_1 >> t_1-t_0$。锯齿波电路输出波形如图 5-27 所示。

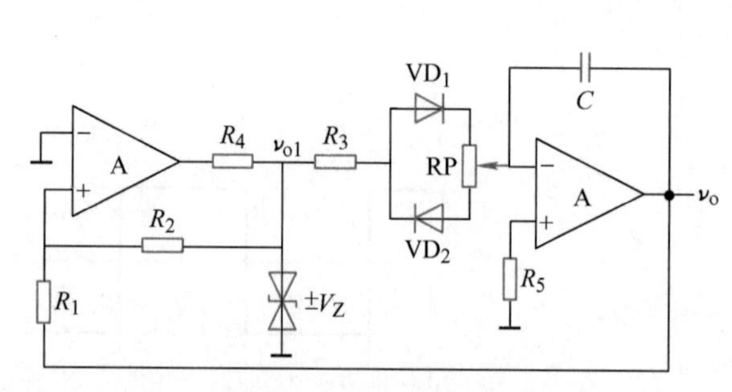

图 5-26 锯齿波发生器电路

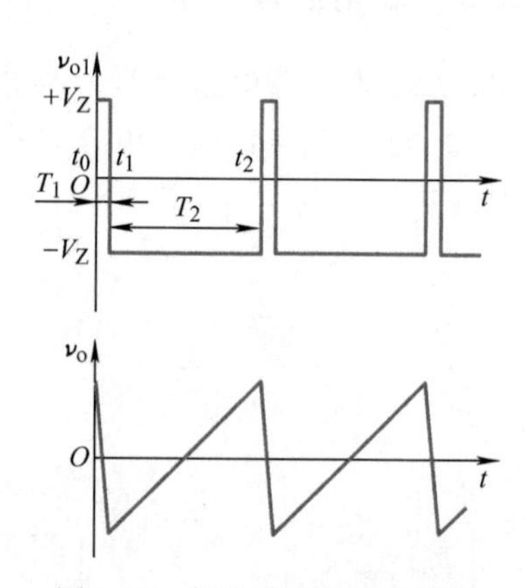

图 5-27 锯齿波电路输出波形

❖ 实操训练

1. 明确任务

1）仪器和器材（查学习工作页）。

2）技能训练电路图（查学习工作页）。

3）内容和步骤（查学习工作页）。

2. 电路的制作

本电路将在面包板上完成连接或在万能板上焊接。

3. 电路调试

1）对照电路原理图检查各元器件安装是否正确，检查元器件的连接极性及电路连线，然后接通电源进行调试。

2）接通电源，观察电路输出端电压的变化。

4. 职业素养培养

1）完成工作任务的过程中，所有操作都应符合安全操作规程；仪器、仪表使用规范、安全。

2）工具摆放整齐，符合职业岗位要求；使用规范，符合安全要求。

3）搭建电路的模块布局合理，不产生干扰，不存在安全隐患。

4）包装物品、导线线头等的处理符合职业岗位的要求，保持工位的整洁。

5）遵守纪律，尊重团队成员，爱惜实验室的设备和器材。

5. 评价

任务评价主要采用过程评价，以自评、互评和教师评价相结合的方式进行。

❖ 课后习题

1. 试判断图5-28所示各交流等效电路是否符合振荡相位条件。若符合，则说明属于哪类振荡电路。

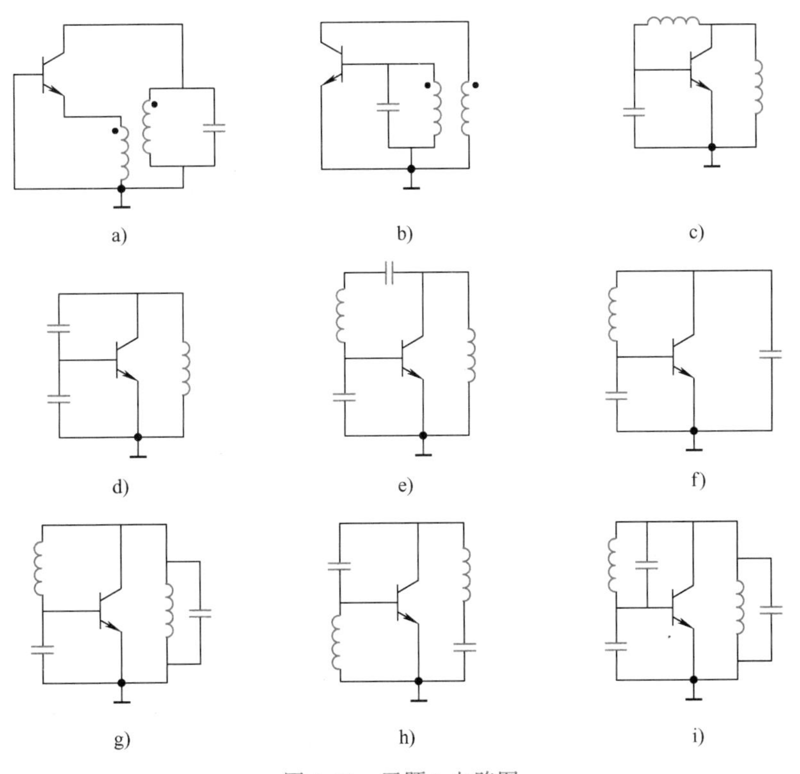

图5-28　习题1电路图

2. 对于图5-29所示三点式振荡器，要求：

1）画出高频等效电路。

2）若振荡频率 $f_0=500\text{kHz}$，求 L。

3）求反馈系数 F。

4）C_3 和 C_4 是否可省去一个？（提示：画直流通路和交流通路分析）

5）若将 C_5 短路或开路，对电路工作会产生什么影响？为什么？

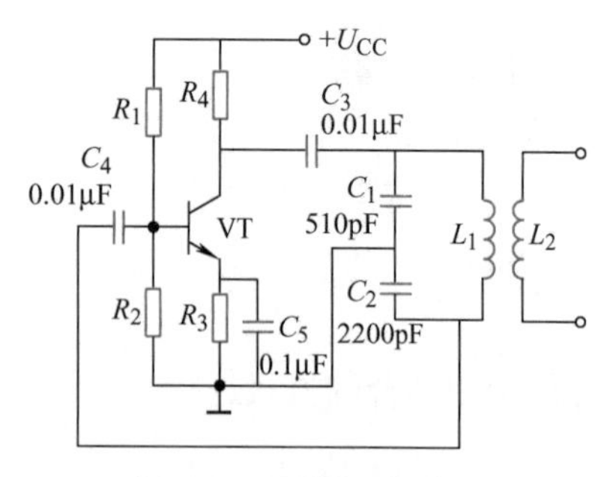

图 5-29　习题 2 电路图

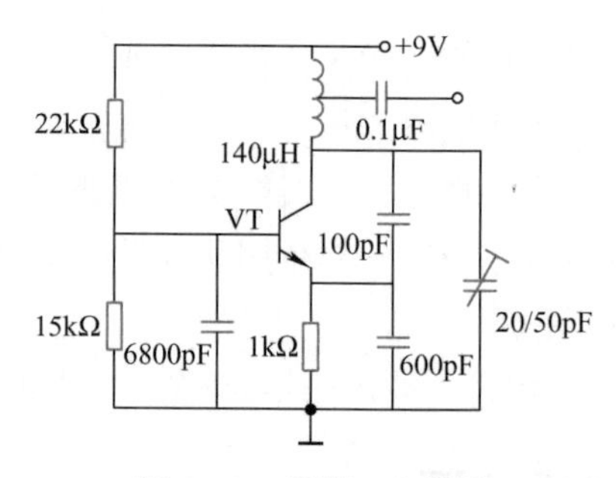

图 5-30　习题 3 电路图

3. 对于图 5-30 所示振荡电路，要求：

1）说明各元器件的作用。

2）画出高频等效电路。

4. 图 5-31 所示为电视高频头中的本振电路。

1）说明电路中各元器件的作用。

2）画出高频等效电路。

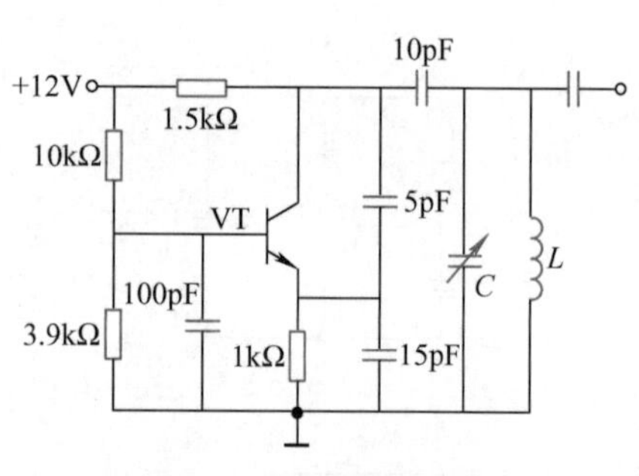

图 5-31　习题 4 电路图

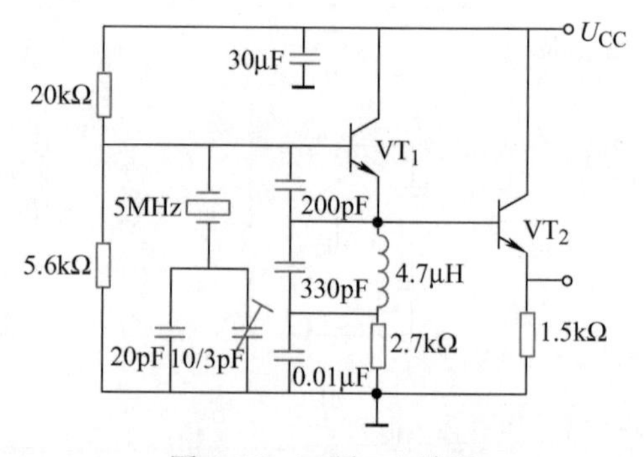

图 5-32　习题 5 电路图

5. 图 5-32 所示为数字频率计的晶振电路。

1）画出高频等效电路。

2）说明晶体在电路中所起的作用。

3）说明 4.7μH 电感与 330pF 电容所组成的并联谐振回路在电路中所起的作用。

6. 图 5-33 所示为通信机本振电路。

1）说明电路中各元器件的作用。

2）画出图 5-33a 及图 5-33b 的高频等效电路。

7. 为了提高 *LC* 振荡器的频率稳定度，通常可采用哪些措施？

8. 石英晶体振荡器的主要优点是什么？

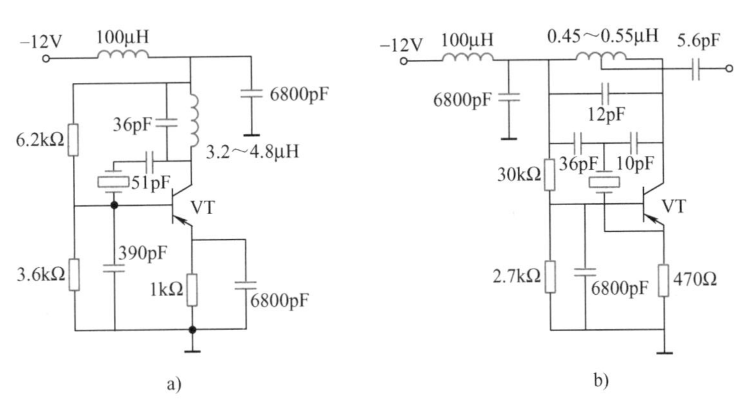

图5-33　习题6电路图

9. *RC* 振荡器的主要特点是什么？它主要用于哪些场合？

10. 在低频信号发生器中，为什么通常采用 *RC* 桥式振荡器作为主振电路，而不采用 *RC* 移相振荡器？（提示：从频率调节方式考虑）

参考文献

[1] 康华光．电子技术基础-模拟部分［M］. 5版．北京：高等教育出版社，2006.

[2] 谢嘉奎．电子线路-线性部分［M］. 4版．北京：高等教育出版社，1999.

[3] 张惠荣，王国贞．模拟电子技术项目式教程［M］. 2版．北京：机械工业出版社，2019.

[4] 胡宴如．模拟电子技术及应用［M］. 北京：高等教育出版社，2011.

[5] 曲昀卿，杨晓波，李英辉．模拟电子技术基础［M］. 北京：北京邮电大学出版社，2012.

[6] 胡宴如．电子实习（1）［M］. 北京：中国电力出版社，1996.

[7] 王继辉．模拟电子技术与应用项目教程［M］. 北京：机械工业出版社，2020.

[8] 胡宴如，耿苏燕. 模拟电子技术基础［M］. 5版．北京：高等教育出版社，2015.

[9] 孙晓明．模拟电子技术项目式教程［M］. 北京：机械工业出版社，2019.

[10] 沈尚贤．电子技术导论［M］. 北京：高等教育出版社，1986.

[11] 王汝君，钱秀珍．模拟集成电子电路［M］. 南京：东南大学出版社，1993.

[12] 陈大钦．模拟电子技术基础［M］. 北京：高等教育出版社，2000.

[13] 童诗白．模拟电子技术基础［M］. 2版．北京：高等教育出版社，1988.

[14] 谢自美．电子线路设计·实验·测试［M］. 2版．武汉：华中科技大学出版社，2000.

[15] 陈大钦．电子技术基础实验［M］. 2版，北京：高等教育出版社，2003.

[16] 孙肖子．现代电子线路和技术实验简明教程［M］. 2版．北京：高等教育出版社，2009.

[17] 毕满清．电子技术实验与课程设计［M］. 北京：机械工业出版社，2005.

[18] 田延娟．EDA技术及应用项目化教程［M］. 西安：西安电子科技大学出版社，2018.